浙江省普通高校新形态教材项目
水利工程类现代学徒制系列教材

水利工程制图技术

主编　吴佩佩　樊培利
主审　关莉莉　张圣敏

中国水利水电出版社
www.waterpub.com.cn
·北京·

内 容 提 要

本书贯彻国家职业教育改革方针，按照水利工程与管理类专业现代学徒制人才培养要求，依据最新技术标准、规范和规程，校企联合编写而成。

本书共分水利工程图的初步认识、投影的基本知识、计算机绘图基础知识、水闸和标高投影 5 个项目。水利工程图的初步认识包括水利工程图的分类与特点等 4 个任务，投影的基本知识包括投影法和正投影的基本性质等 3 个任务，计算机绘图基础知识包括绘图环境设置等 3 个任务，水闸包括水利工程图的表达方式等 6 个任务，标高投影包括平地面上平面体的标高投影等 3 个任务。

本书可作为水利工程、水利水电建筑工程专业，以及其他水利类专业制图教材使用，还供从事水利水电工程设计人员、施工组织和管理人员工作参考。

图书在版编目（CIP）数据

水利工程制图技术 / 吴佩佩，樊培利主编. -- 北京：中国水利水电出版社，2021.10(2024.7重印).
浙江省普通高校新形态教材项目 水利工程类现代学徒制系列教材
ISBN 978-7-5226-0301-8

Ⅰ. ①水… Ⅱ. ①吴… ②樊… Ⅲ. ①水利工程－工程制图－高等职业教育－教材 Ⅳ. ①TV222.1

中国版本图书馆CIP数据核字(2021)第260022号

书　　名	浙江省普通高校新形态教材项目 水利工程类现代学徒制系列教材 **水利工程制图技术** SHUILI GONGCHENG ZHITU JISHU
作　　者	主编　吴佩佩　樊培利 主审　关莉莉　张圣敏
出版发行	中国水利水电出版社 （北京市海淀区玉渊潭南路 1 号 D 座　100038） 网址：www.waterpub.com.cn E-mail：sales@mwr.gov.cn 电话：(010) 68545888（营销中心）
经　　售	北京科水图书销售有限公司 电话：(010) 68545874、63202643 全国各地新华书店和相关出版物销售网点
排　　版	中国水利水电出版社微机排版中心
印　　刷	天津嘉恒印务有限公司
规　　格	184mm×260mm　16 开本　8.5 印张　207 千字
版　　次	2021 年 10 月第 1 版　2024 年 7 月修订　2024 年 7 月第 2 次印刷
印　　数	2001—4000 册
定　　价	**32.00** 元

前言

教材事关国家和民族的前途命运，教材建设必须坚持正确的政治方向和价值导向。本书坚持党的二十大精神，全面贯彻党的教育方针，落实立德树人根本任务，为党育人，为国育才，弘扬劳动光荣、技能宝贵、创造伟大的时代风尚。

本书是贯彻落实《国务院关于加快发展现代职业教育的决定》《国家职业教育改革实施方案》《职业教育提质培优行动计划（2020—2023年）》《中国教育现代化2035》《教育部关于开展现代学徒制试点工作的意见》（教职成〔2014〕9号）等文件精神，按照水利工程与管理类专业现代学徒制人才培养教学要求，校企合作编写而成。

本书注重应用能力和实践能力的培养，内容对接《技术制图》和《水利水电工程制图标准》，分为水利工程图的初步认识、投影的基本知识、计算机绘图基础知识、水闸和标高投影5个项目，按照项目工作过程设置19个任务，便于项目化教学。适应“互联网+”时代教育教学要求，采用新形态立体化编写方式，以图形和视频等富媒体呈现教学资源，拓展教材内容。通过项目化训练，在每个项目后安排有“项目训练”，便于教学巩固和过程性考核，在短时间内掌握绘制水利工程图的方法和基本技巧，并能独立的识读和绘制标准的水利工程图。

本书由浙江同济科技职业学院吴佩佩和山西水利职业技术学院樊培利担任主编，浙江同济科技职业学院谢娟、郑荣伟、徐瑛丽和浙江省建投交通基础建设集团有限公司钦岳烽担任副主编。项目1水利工程图的初步认识由吴佩佩编写，项目2投影的基本知识由樊培利编写，项目3计算机绘图基础知识由谢娟和钦岳烽编写，项目4水闸由吴佩佩和徐瑛丽编写，项目5标高投影由谢娟和郑荣伟编写，吴佩佩负责全书统稿。

本书由黄河水利职业技术学院关莉莉、张圣敏担任主审。在编写过程中参阅了大量文献、引用了相关规范、技术标准，在此向有关单位和作者表示深深谢意。同时，对中国水利水电出版社相关人员的支持和帮助，表示衷心感谢。

由于编者水平有限，书中难免有疏漏和不足之处，敬请读者批评指正，提出宝贵意见和建议。

编者

2021 年 8 月

“行水云课”数字教材使用说明

“行水云课”水利职业教育服务平台是中国水利水电出版社立足水电、整合行业优质资源全力打造的“内容”+“平台”的一体化数字教学产品。平台包含高等教育、职业教育、职工教育、专题培训、行水讲堂五大版块，旨在提供一套与传统教学紧密衔接、可扩展、智能化的学习教育解决方案。

本套教材是整合传统纸质教材内容和富媒体数字资源的新型教材，它将大量图片、音频、视频、3D动画等教学素材与纸质教材内容相结合，用以辅助教学。读者可通过扫描纸质教材二维码查看与纸质内容相对应的知识点多媒体资源，完整数字教材及其配套数字资源可通过移动终端APP、“行水云课”微信公众号或中国水利水电出版社“行水云课”平台查看。

多媒体知识点索引

续表

续表

序号	资　源　名　称	页码
59	剖视图与断面图的规定画法	89
60	断面图	90
61	剖视图 1-阶梯剖	90
62	扭曲面	92
63	项目训练-任务 4.4 答案	93
64	二维 海漫段绘制	95
65	二维 上游连接段绘制	95
66	二维 消力池段绘制	95
67	二维 闸室段绘制	95
68	海漫标注	95
69	上游连接段标注	95
70	图形缩放	95
71	消力池标注	95
72	闸室段标注	95
73	三维 上游连接段绘制	95
74	三维 下游连接段绘制	95
75	三维 闸室段绘制	95
76	水闸 CAD 图纸	95
77	上游连接段建模-1	103
78	上游连接段建模-2	103
79	上游连接段建模-3	103
80	上游连接段建模-4	103
81	上游连接段建模-5	103
82	上游连接段建模-6	103
83	闸室段 $A—A$	103
84	闸室段 $B—B$	103
85	闸室段 $C—C$	103
86	下游段海漫 扭面	103
87	下游段排水孔	103
88	下游段消力池以及边墩	103
89	上游连接段部分 CAD 图纸	103

续表

序号	资　源　名　称	页码
90	水闸闸室段部分 CAD 图纸	103
91	下游连接段结构图部分 CAD 图纸	103
92	2010 以上版本阵列命令	103
93	粗实线隐藏打开	103
94	方圆渐变-断面	103
95	方圆渐变-成图	103
96	方圆渐变断面图-辅助线	103
97	方圆渐变断面-圆心	103
98	方圆渐变-放样	103
99	方圆渐变放样命令注意点	103
100	方圆渐变-连线	103
101	方圆渐变面完整绘制	103
102	方圆渐变的四个象限点	103
103	方圆渐变问题	103
104	关于捕捉的问题	103
105	关于绘图底板颜色问题	103
106	关于鼠标只能在格子移动的问题	103
107	绘制图框用到的命令	103
108	扭面绘制-断面	103
109	扭面绘制-放样	103
110	如何压缩文件	104
111	栅格、极轴、正交、捕捉常见问题	104
112	视口切换	104
113	素线的绘制	104
114	斜椭圆柱-轮廓	104
115	闸室底板、边墩方法	104
116	闸室底板、边墩和闸门槽	104
117	闸室底板和边墩的识读与绘制	104
118	闸室段交通桥	104
119	项目 5　课程导学	105
120	标高投影的用途	105

续表

序号	资 源 名 称	页码
121	标高投影形成	106
122	点的标高投影	106
123	坡度和平距	107
124	直线的表示方法	107
125	两点表示法求解	107
126	一点和坡度表示法求解	107
127	平面的等高线和坡度线	109
128	等高线和坡度线表示法求解	109
129	斜线和坡度表示法求解	110
130	求作基坑标高投影	111
131	项目训练-任务 5.1 答案	112
132	圆锥面的等高线和坡度线	113
133	求作平台标高投影	115
134	项目训练-任务 5.2 答案	116
135	识读地形图	118
136	等高线法求交线	118
137	地形断面法求交线	119
138	项目训练-任务 5.3 答案	122

目录

项目1　水利工程图的初步认识

【知识目标】

1. 了解水利工程图的分类
2. 了解常用制图工具和标准
3. 了解尺规绘图和计算机绘图的步骤和方法
4. 掌握技术制图标准和水利水电工程制图标准的常用规定

项目1
课程导学

【能力目标】

1. 具备正确使用绘图工具和仪器的能力
2. 具备按制图标准绘图和读图的能力

任务1.1　水利工程图的分类与特点

水利工程图
的种类

【任务目标】

1. 了解水利工程图的分类
2. 区分水利工程图

1.1.1　水利工程图的分类

水利工程图一般分成规划图、枢纽布置图、地理位置图、地理接线图、对外交通图、施工总平面图、主要建筑物布置图、建筑物结构图、基础开挖图、基础处理图、结构图、钢筋图、一般钢结构图和细部构造图。

1. 规划图

规划图是用于表示水利水电工程地理位置、流域水系及水文测站布置、河流梯级规划、水库移民征地、水土保持规划等信息的图样。规划图的特点是：表示范围大，绘图比例小，一般在1∶2000～1∶100000之间，建筑物用图例来表示。

2. 枢纽布置图

在水利工程中，由几个水工建筑物组合在一起协同工作的综合体称为水利枢纽。例如三峡水利枢纽，就是由溢流坝段、挡水坝段、水电站、船闸等建筑物组成。

枢纽布置图是将水利枢纽主要建筑物的平面图形画在地形图上得到的图样。它主要表达整个水利枢纽的平面布置情况，作为建筑物的定位、施工放线、土石方施工及绘制施工总平面图的依据。

枢纽布置图的特点是：枢纽布置图必须画在地形图上，绘图比例较小，一般在1∶500～1∶2000之间，在图上只画出建筑物的主要轮廓和主要尺寸，而对结构上的次要轮廓及细部构造则省略不画或采用示意画法表示。

3. 建筑物结构图

建筑物结构图是表达某一建筑物形状、大小、细部构造、材料等内容的图样。它包括结构布置图、细部构造图以及钢筋混凝土结构图等。

建筑物结构图的特点是：对建筑物的形状、大小、构造、材料等表达得比较详细，一般用视图、剖视图、断面图、详图等综合表达；绘图比例大，一般在1∶50～1∶200之间。

1.1.2　水利工程图的特点

水工建筑物形体庞大，画图时多采用小比例尺，因画图采用的比例尺小，细部构造表达不清，常采用较多的详图来表达建筑物的细部构造，又由于所用的建筑材料繁多，为同时表达建筑物各部分断面形状及建筑材料，因此水利工程图中断面图较多。绘图时还应考虑水流方向，并注意对建筑物上下部分的表达。水利工程图中的粗实线，不仅用来表达可见轮廓线，还用来表达建筑物的施工缝、沉陷缝、温度缝、防震缝等，但材料分界线应用中粗线绘制。

水利工程图的特点就是：小比例尺多，详图多，断面图多，考虑水的影响多，粗实线的应用多。

项目训练-任务1.1答案

【项目训练】

一、选择题

1. 表达水工建筑物形状、大小、构造、材料等内容的图样是（　　）。

A. 枢纽布置图　B. 施工导流图　C. 施工组织设计图　D. 建筑物结构图

2. 枢纽布置图的特点是（　　）。

A. 可以画在地形图上　B. 应画在地形图上

C. 不能只画出建筑物的主要轮廓　D. 重力坝枢纽布置图可不画在地形图上

3. 水利工程图的分类中不包括（　　）。

A. 规划图　B. 枢纽布置图　C. 详图　D. 水工建筑图

4. 挡水建筑物平面布置图上的水流方向应该是（　　）。

A. 从左到右　B. 自下而上　C. 自上而下　D. 任意方向

5. 表达水利工程等布局、位置、类别等内容的图样是（　　）。

A. 建筑物结构图　B. 规划图　C. 施工图　D. 下游立面图

6. 水工图是用于什么行业的图（　　）。

A. 交通行业　B. 城市建筑行业　C. 水利行业　D. 城市给水行业

7. 在水工图中需要画出地形、方位、河流方向的图样是（　　）。

A. 详图　B. 枢纽平面布置图　C. 横剖面图　D. 纵剖视图

8. 挡水建筑物平面布置图上的水流方向应该是（　　）。

A. 从左到右或从下而上　B. 从右到左或从上而下

C. 自上而下或从左到右　D. 自下而上或从左到右

二、判断题

在绘制水利工程图的平面图及剖视图时，按规定，图样中一般应使水流方向为自上而下或从左到右（　　）。

任务 1.2　基 本 制 图 标 准

制图标准

【任务目标】

1. 了解常用制图标准
2. 确定制图标准

图纸作为工程界的技术语言，必须有统一的标准，本书采用行业标准《水利水电工程制图标准　基础制图》(SL 73.1—2013)，本节主要介绍图纸幅面和格式、比例、图线、字体、剖面符号和尺寸标注六项基本制图标准，其他有关标准将在后续章节中分别介绍。

1.2.1　图纸幅面和格式

1. 图纸幅图

图纸幅面指图纸大小和规格，图纸的短边×长边用 $B\times L$ 表示，图纸的幅面宜采用基本幅面，也可采用加长幅面图纸，基本幅面应符合表 1.1 的规定。

表 1.1　　基本幅面及图框尺寸　　单位：mm

幅面代号	A0	A1	A2	A3	A4
$B\times L$	841×1189	594×841	420×594	297×420	210×297
e	20		10		
c	10			5	
a	25				

由表 1.1 可以看出，图纸幅面以 A0、A1、A2、A3、A4 为代号，基本图幅之间大小的关系如图 1.1 所示。

图幅在应用中面积不够大，允许加大图幅面积，具体尺寸参考有关的制图标准。

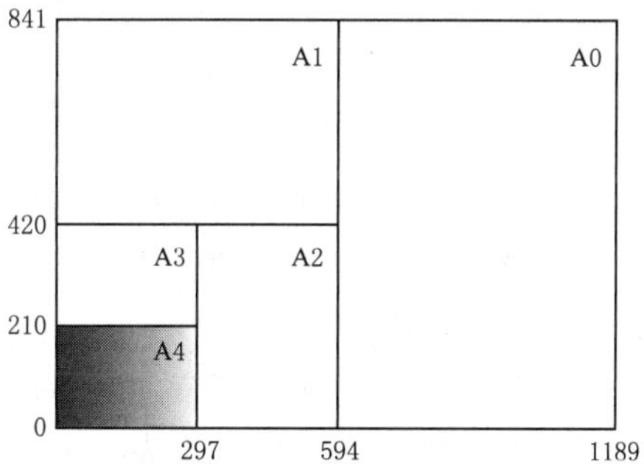

图 1.1　基本图幅之间大小的关系

2. 图框格式

绘制图样时，图线框应用粗实线绘制，图形只能绘制在图框内，线宽应满足要求。格式分无装订边和有装订边两种，同一产品的图样应采用一种格式。无装订边图纸和有装订边图纸的图框格式，无论采用哪一种图框格式，A4 图纸都应竖放，其他代号的图纸横放，必须在图框右下角画出标题栏，如图 1.2 所示，图纸应画出图框线（幅面线）和标题栏。图框尺寸应符合表 1.1 的规定。

1.2.2　标题栏

标题栏是图样的重要内容之一，标题栏的外框线用粗实线绘制，分格线用细实线

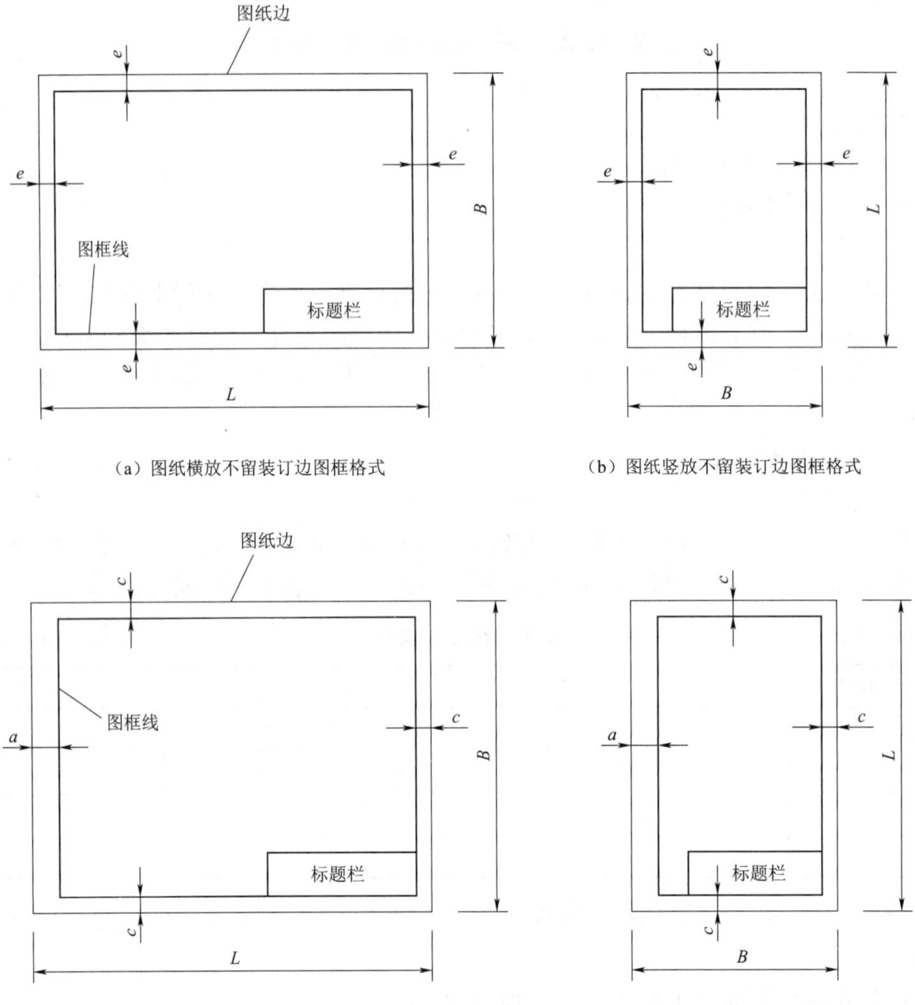

（a）图纸横放不留装订边图框格式　　（b）图纸竖放不留装订边图框格式

（c）图纸横放留装订边图框格式　　（d）图纸竖放留装订边图框格式

图 1.2　图框格式

绘制，图标的右边框和下边框应与图框线重合。图 1.3 为《水利水电工程制图标准》中推荐的水工图样标题栏的格式和尺寸。

1.2.3　制图比例

图中图形与实物相应要素的线性尺寸之比称为比例。绘制图样时，应根据物体的大小及其形状的复杂程度，由表 1.2 规定的系列中选取适当的比例。整张图纸中用不同比例的应在该图图名之后和图名横线下方另行标注比例，比例的字高应比图名字体小一号或二号。整张图纸只用一种比例的，应统一注写在标题栏。在一个视图中的铅直和水平两个方向可采用不同的比例，两个比例的比值不宜超过 5 倍，图样比例可采用沿铅直和水平方向分别标注的形式，有缩放要求的图纸，应加绘比例尺图形标注。无论采用何种比例，图中所注尺寸均应是物体的真实尺寸，与比例无关。制图比例如图 1.4 所示。

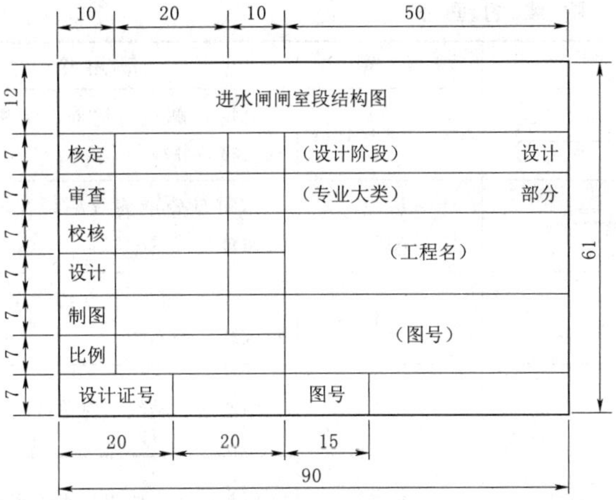

图 1.3　水工图样标题栏的格式和尺寸

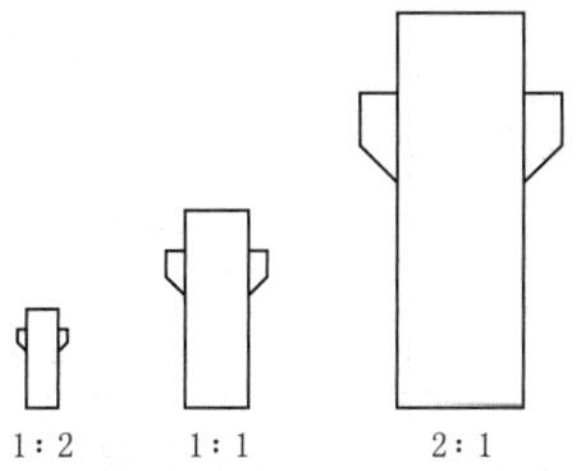

图 1.4　制图比例

表 1.2　　**制　图　比　例**

常用比例	1∶1
	1∶10^n　　1∶2×10^n　　1∶5×10^n
	2∶1　　5∶1　　(10×n)∶1
可用比例	1∶1.5×10^n　　1∶2.5×10^n　　1∶3×10^n　　1∶4×10^n
	2.5∶1　　4∶1

注　n 为正整数。

1.2.4　制图字体

汉字中的简化字应采用国家正式公布实施的简化字，宜采用长仿宋体，在同一图样上宜采用一种形式的字体，在同一行标注中，汉字、字母和数字宜采用同一字号。

CAD 绘图用字库宜采用操作系统自带的 True Type 字库。手工制图图样中书写的汉字、数字、字母等均应字体端正，排列整齐，间隔均匀。字体的号数（简称字号）指字体的高度，图样中的字号可用 20mm、14mm、10mm、7mm、5mm、3.5mm、2.5mm。A0 图样中汉字最小字高不宜小于 3.5mm，其余不宜小于 2.5mm，字宽宜为字高的 0.7～0.8 倍。汉字应采用正体字，阿拉伯数字和拉丁字母，可使用斜体字，斜体字的字头向右倾斜并与水平线约成 75°角。用作指数、分数、极限偏差、脚标、上标的数字和字母可采用小一号字体。

1.2.5　图线

图线的各种名称、形式、代号、宽度及其应用见表 1.3 的规定，图样中的图线宽度的尺寸应为 0.18mm、0.25mm、0.35mm、0.5mm、0.7mm、1.0mm、1.4mm、2.0mm。图线的画法见表 1.3。

1.2.5.1　图线画法

图线画法应符合下列规定：

(1) 同一图样中图线的类型和宽度宜一致。

(2) 圆的对称中心线线段的交点应为圆心，如图 1.5 所示。

(3) 点画线和双点画线的首末两端应绘为线段。

表 1.3　　　　　　　　　　　图 线 的 画 法

图纸名称	线　型	线　宽	一 般 用 途
粗实线	b	b＝0.5～1.4mm	可见轮廓线、钢筋、结构分缝线、材料界线
虚线中粗虚线	2.5～4　≈1	b/4 b/2	不可见轮廓线（b/4）、不可见结构分缝线（b/2）
细实线		b/4	尺寸线和尺寸界线、引出线、示坡线、剖面线
点画线	8～12　≈2	b/4	中心线、轴线、对称线
双点画线	8～12　≈2～3.5	b/4	原轮廓线、假想投影轮廓线
波浪线		b/4	构件断裂处的边界线、局部剖视的边界线
折断线	20～40　3～5　30°	b/4	中断线、构件断裂处的边界线

（4）较小的图形，可采用细实线代替点划线和双点划线。

（5）虚线与虚线相交，或虚线与其他图线相交，应是线段交接；虚线为实线的延长线的，不应与实线连接，如图 1.5 所示。

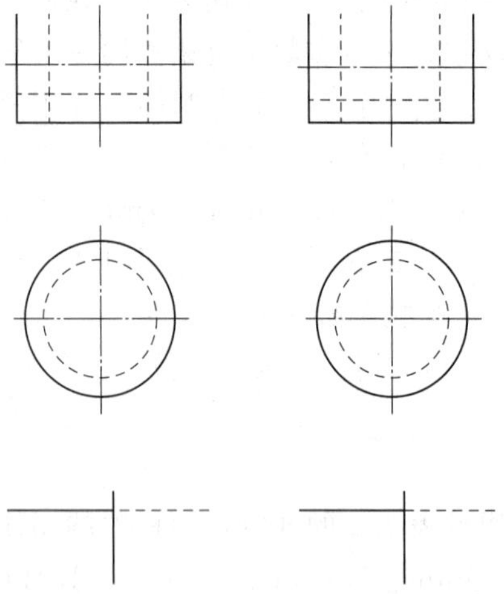

（a）图线的正确画法　　（b）图线的错误画法

图 1.5　图线的画法示例

（6）空心圆柱体和实心圆柱体的断裂处可采用取折断线绘制或直折断线绘制。

（7）图样中两条平行线之间的距离不应小于图中粗实线的宽度，且最小间距不应小于 0.7mm。

（8）图线不宜与文字、数字和符号重叠、混淆；出现图线与文字、数字或符号重叠的，应保证文字、数字和符号等的清晰。

各种图线的应用如图 1.6 所示。

1.2.5.2　标注引线

标注引线应符合下列规定：

（1）引线采用细实线，宜采用与水平成 30°、45°、60°和 90°的直线再折为水平线的形式。索引编号、详图编号的引线应对准圆心，文字说明应注写在引线水平折线的上方或端部之后。

（2）同时引出几个相同部分的引线，宜采用平行的引线或集中于一点的放射线表示。

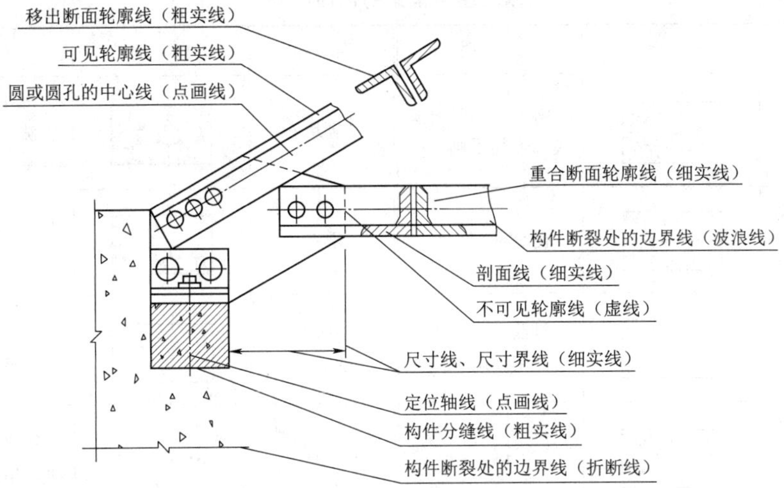

图 1.6 图线的正确画法

（3）多层结构、材料和管线可采用公共引线，引线应垂直通过被引出的各层，并对应标注文字说明或编号。

（4）引线终端指向物体轮廓线以内时，宜采用圆点表示；指向物体轮廓表面轮廓线上的，宜用箭头表示；指向尺寸线上的，不绘制圆点和箭头。

1.2.6 剖面符号

工程中使用的建筑材料类别很多，画剖视图与断面图时，必须根据建筑物所用的材料画出建筑材料图例，在制图中统称为剖面符号，以区别材料类别，方便施工。图样中的剖面符号应按《水利水电工程制图标准》的规定绘制。水工图中常见的剖面符号见表 1.4。

1.2.7 图样注法

图样注法应符合《水利水电工程制图标准》的规定。本节只介绍图样注法的一般规定，专业工程图样的注法将在以后有关章节中分别介绍。

图形只表示建筑物及构件的结构形状，物体的真实大小应以图样上所注的尺寸为准。

图样中标准的尺寸单位：标高、桩号以米为单位，结构尺寸以毫米为单位，如采用其他尺寸单位应在图纸中加以说明。

1. 尺寸的组成

一个完整的尺寸应由尺寸界线、尺寸线、尺寸起止符号、尺寸数字四部分组成，如图 1.7 所示。

（1）尺寸界线。尺寸界线应采用细实线，可自图形的轮廓线和中心线沿其延长线方向引出，或从轮廓线段的转折点引出。尺寸界线宜与被标注的线段垂直，轮廓、线或中心线也可作为尺寸界线。由轮廓线延长引出的尺寸界限与轮廓线之间应留有 2～3mm 的间隙，并超出尺寸线 2～3mm。

（2）尺寸线。尺寸线用细实线绘制，两端直到尺寸界线。尺寸线应与被注的线段

表 1.4　　水工图中常见的剖面符号

名　称	图　例	说　明	名　称	图　例	说　明
黏土		斜线为 45°细实线，可徒手画	干砌块石	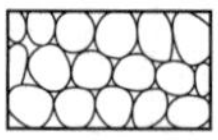	石缝要错开，空隙不涂黑，徒手画
木材 纵纹 横纹	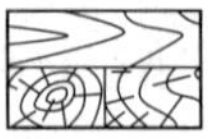	徒手画	堆石		石块有棱角，徒手画
金属	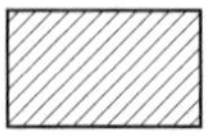	斜线为 45°细实线，用尺画	砂卵石 砂砾石	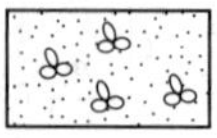	石子无棱角，徒手画
回填土	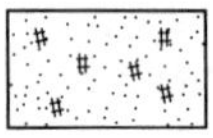	徒手画	岩石		斜线为 60°细实线，用尺画
砂、灰土、水泥砂浆	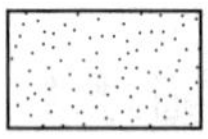	点为不均匀的小圆点，徒手画	夯实土		斜线为 45°细实线，用尺画
多孔材料	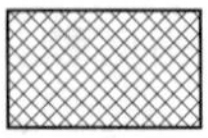	斜线均为 45°细实线，用尺画	钢筋混凝土	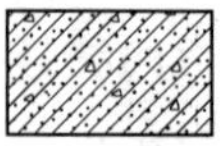	斜线为 45°细实线，用尺画
水、液体	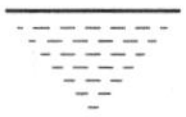	用尺画水平细线	浆砌块石	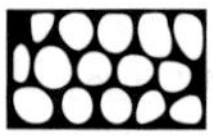	石块之间空隙要涂黑，徒手画
自然土壤		徒手画	卵石	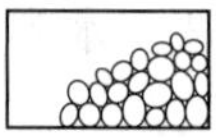	石子无棱角，徒手画
混凝土	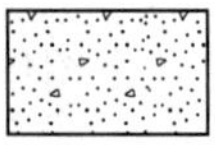	石子带有棱角，徒手画	碎石	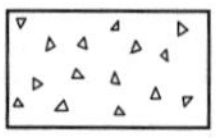	石子有棱角，徒手画

等长且平行，距离所标注的线段一般大于 7mm，尺寸线不能用任何图线代替，必须单独画出。

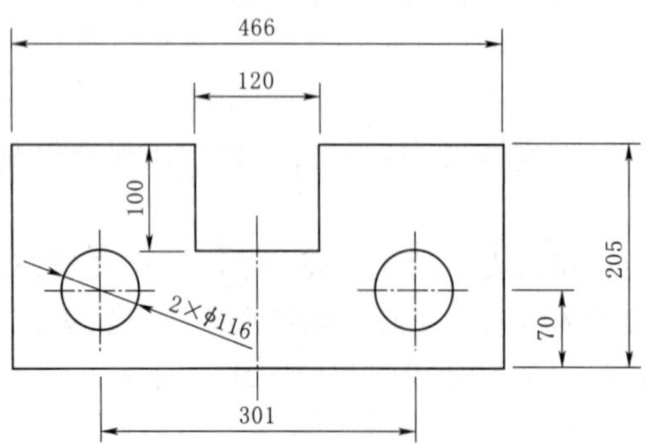

图 1.7　尺寸标注

（3）尺寸起止符号。尺寸起止符号表示尺寸的起止点。一般圆和弧长的起止符号采用箭头，同一张图样中线性尺寸的起止符号只能在箭头和斜短线之间选用一种形式。

（4）尺寸数字。尺寸数字表示物体的真实大小，一般用 3.5 号斜体阿拉伯数字书写，同一张图样中尺寸数字的大小应一致。尺寸数字不可以被任何图线和符号通过。

2. 尺寸的标注

水利工程图的一般注法如图 1.8～图 1.12 所示。

（1）线性尺寸标注。

1）水平尺寸字头朝上，铅垂尺寸字头朝左，倾斜尺寸应保证字头朝上的趋势，如图 1.8（a）。

2）尽量避免在图 1.8（a）所示 30°范围内标注尺寸，当无法避免时，允许按图 1.8（b）所示形式标注。

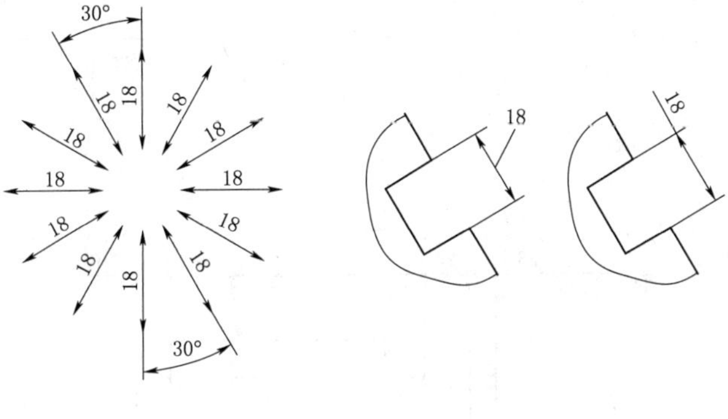

(a) (b)

图 1.8 线性尺寸标注标准

（2）圆和圆弧尺寸标注。

1）标注直径尺寸时，应在数字前加注符号 ϕ（金属材料）或 D（其他材料）。标注半径尺寸时，应在数字前加注符号 R。

2）圆和大于半圆的圆弧标注直径，半圆和小于半圆的圆弧标注半径，如图 1.9（a）所示。

3）大圆弧的注法：当圆弧半径过大并且需要标明圆心位置时，可按图 1.9（b）的方法标注：若不需要标明圆心位置，则可按图 1.9（c）的方法标注。

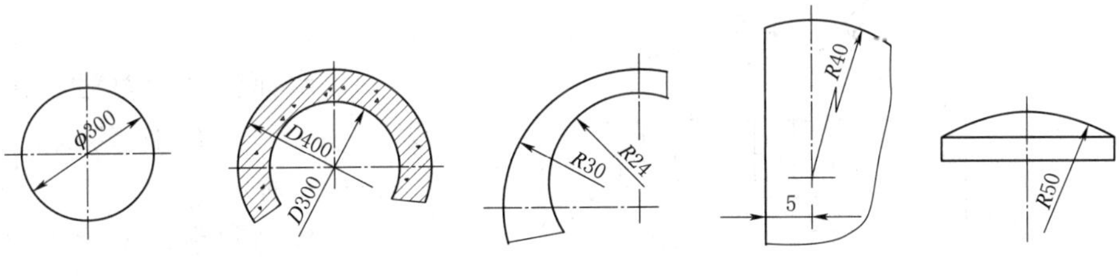

（a） （b） （c）

图 1.9 圆和圆弧尺寸标注标准

（3）小尺寸标注。

1）在尺寸界线之间没有足够位置画箭头或注写尺寸数字时，可按图 1.10（a）样式标注。

2）标注连续尺寸时，中间的箭头可用圆点代替，圆点的大小应与箭头尾部宽度相同，如图 1.10（b）所示。

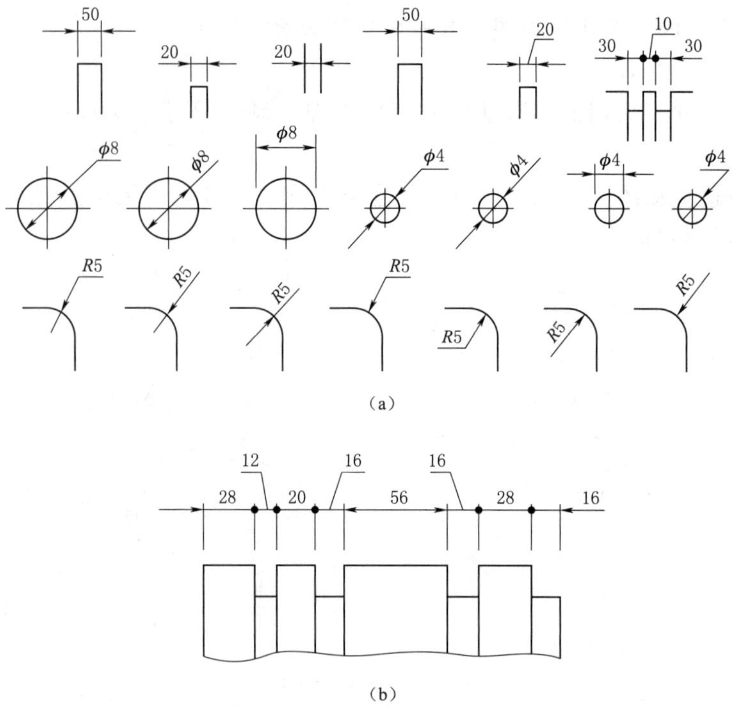

图1.10　小尺寸标注标准

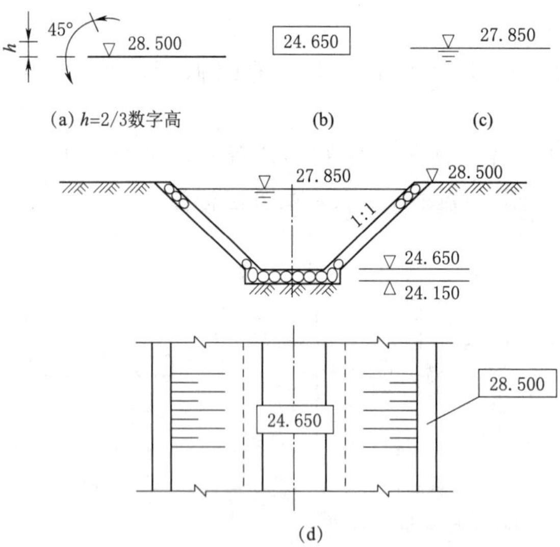

图1.11　高程尺寸标注标准

（4）高程尺寸标注。

1）立面图中的标高符号，为等腰三角形，用细实线绘制，如图1.11（a）所示。

2）平面图中的标高符号，为矩形框，用细实线绘制，如图1.11（b）所示。

3）水面标高的符号，在水面线以下绘三条细实线，如图1.11（c）所示。

4）标高数字以米为单位，注写到小数点以后第三位，在总布置图中，可注写到小数点以后第二位。

标高标注的示例如图1.11（d）所示。

（5）坡度尺寸标注。

1）坡度表示一条线或一个平面对水平面的倾斜程度，如图1.12（a）所示。

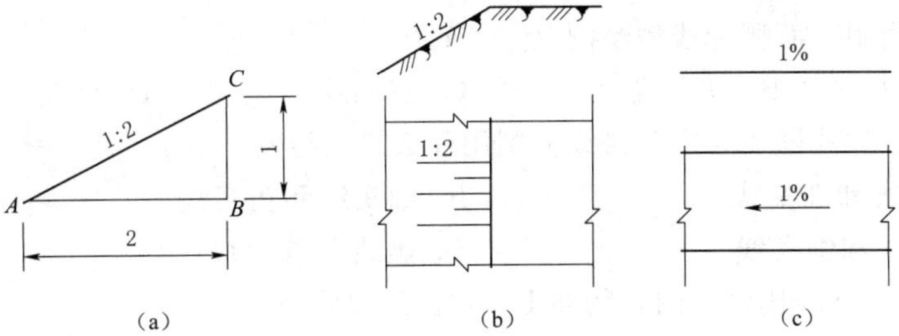

图 1.12　坡度尺寸标注标准

2）坡度的标注形式一般采用 1∶n 的形式，如图 1.12（b）所示。

3）当坡度较缓时，坡度可用百分数表示，如图 1.12（c）所示。

【项目训练】

一、选择题

项目训练-任务 1.2 答案

1. 虚线由短画和短间隔组成，如下图所示，其短画的长度 a 的值应取（　　）。

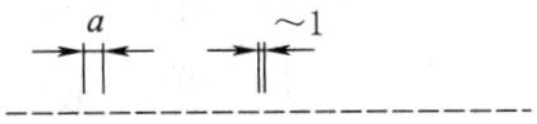

A. 1～2mm　　B. 2～4mm　　C. 4～6mm　　D. 6～8mm

2. 点画线由长画、短间隔和小短画组成，如下图所示，其长画的长度 a 的值应取（　　）。

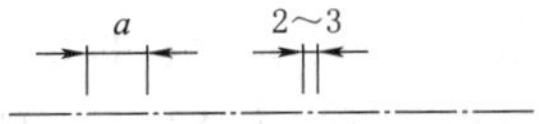

A. 3～8mm　　B. 8～10mm　　C. 10～15mm　　D. 15～20mm

3. 右图中直径尺寸注法错在（　　）。

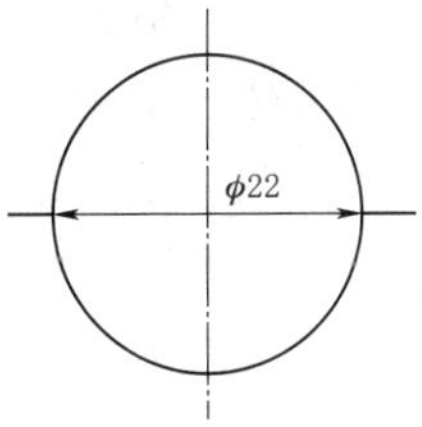

A. 尺寸起止符号应为短斜线

B. 尺寸数字没有居中

C. 尺寸线应该倾斜

D. 直径尺寸应该注在圆外

4. 右图中直径尺寸注法错在（　　）。

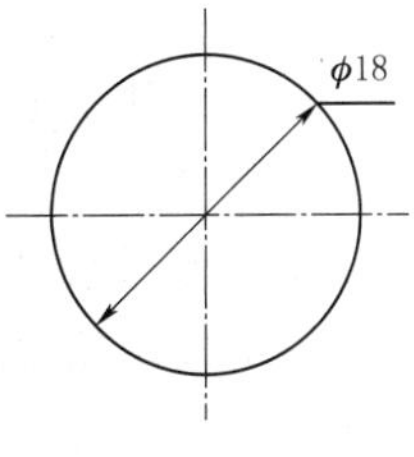

A. 尺寸起止符号应为短斜线

B. 尺寸数字不能水平注写

C. 尺寸数字应注写在圆内

D. 尺寸数字注写的引出线不应从尺寸线端点引出

5.《水利水电工程制图标准》中规定 A3 图幅的尺寸是 297mm×420mm，A2 图幅的尺寸是（　　）。

A. 420mm×594mm　　B. 210mm×297mm

C. 594mm×841mm　　D. 841mm×1189mm

6.《水利水电工程制图标准》中规定 A0 图幅大小是 A3 图幅大小的（　　）。

A. 2 倍　B. 4 倍　C. 8 倍　D. 1/2 倍

7. 图框线用下面哪种线型绘制（　　）。

A. 粗实线　B. 细实线　C. 点画线　D. 虚线

8. 标题栏的外框线和内分格线分别用什么线型绘制（　　）。

A. 粗实线和细实线　B. 细实线和粗实线

C. 细实线和细实线　D. 虚线和点画线

9. 用 1∶500 的比例画图，物体上 1m 长的线段应画（　　）。

A. 500mm　B. 5mm　C. 2mm　D. 10mm

10. 局部剖视图与视图的分界线用（　　）。

A. 实线　B. 波浪线　C. 虚线　D. 点划线

11. 在线性尺寸中尺寸数字 200mm 代表（　　）。

A. 物体的实际尺寸是 200mm　B. 图上线段的长度是 200mm

C. 比例是 1∶200　D. 实际线段长是图上线段长的 200 倍

12.《水利水电工程制图标准》中规定，尺寸线（　　）。

A. 可以用轮廓线代替　B. 可以用轴线代替

C. 不能用任何图线代替　D. 可以用中心线代替

13. A2 图幅中的 e 值是（　　）mm。

A. 10　B. 5　C. 20　D. 25

14.《水利水电工程制图标准》规定了图纸幅面的大小，基本幅面有 A0、A1、A2、A3 和 A4，以下描述正确的是（　　）。

A. A0 图幅最小，A4 图幅最大，A4 是 A0 的 4 倍

B. A4 图幅最小，A0 图幅最大，A0 是 A4 的 4 倍

C. A3 图幅大小是 A4 图幅的 2 倍

D. A3 图幅尺寸是 297mm×420mm，A4 图幅尺寸是 210mm×297mm

15. 关于图样的尺寸标注，以下做法正确的是（　　）。

A. 尺寸线必须单独画出，不能用轮廓线、中心线等代替

B. 轮廓线、中心线可以作为尺寸界线

C. 标注圆弧半径、直径、角度、弧长时，尺寸起止符一律采用箭头

D. 尺寸数字不可被任何图线或符号所通过，无法避免时必须将其他图线或符号断开

16.《水利水电工程制图标准》规定，尺寸起止符号必须采用箭头的是（　　）。

A. 直径　B. 半径　C. 角度　D. 倾斜尺寸

17.《水利水电工程制图标准》规定，尺寸界线（　　）。

A. 可以用轮廓线代替　B. 可以用轴线代替

C. 可以用圆周线代替　D. 可以用中心线代替

18.《水利水电工程制图标准》规定，铅垂尺寸线上的尺寸数字字头方向不能是（　　）。

A. 向上　B. 向左　C. 保持字头向上的趋势　D. 任意

19. 绘制标题栏时，需要用到的图线有（　　）。

A. 虚线　　B. 点划线　　C. 粗实线　　D. 细实线

20.《水利水电工程制图标准》规定，尺寸起止符号必须采用箭头的有（　　）。

A. 弧长　　B. 半径　　C. 角度　　D. 直线

21.《水利水电工程制图标准》中优先采用的图纸基本幅面有（　　）。

A. 3 种　　B. 4 种　　C. 5 种　　D. 6 种

二、判断题

1. 绘制图样时，无论是否装订，均应画出图框和标题栏。（　　）

2. 图形与实物相对应的线性尺寸之比就是图样的比例。（　　）

3.《水利水电工程制图标准》规定，绘图时只能采用 5 种基本图幅。（　　）

4. 连续尺寸的中间部分无法画箭头时，可以用小圆点代替。（　　）

5. 图中所标注的尺寸是物体的真实大小，与比例无关。（　　）

6. 尺寸界线必须单独引出，不能由轮廓线、轴线和中心线等代替。（　　）

7.《水利水电工程制图标准》规定了尺寸数字的注写方向，角度尺寸与线性尺寸注写方向的规定是相同的。（　　）

8. 对于倾斜的线性尺寸，数字应该水平注写。（　　）

9. 一张图纸的比例必须统一注写在标题栏内。（　　）

10. 尺寸界线一般应垂直于尺寸线，必要时才允许不垂直。尺寸线必须与被标注的线段平行。（　　）

11. 同一图样中的尺寸起止符号只能在箭头和倾斜细短划线中选用一种形式。（　　）

12. 互相平行的尺寸线之间的距离不应大于 7mm，且使小尺寸注内层，大尺寸注外层，避免尺寸线交叉。（　　）

13. 尺寸数字不可被任何图线和符号通过，当无法避免时，必须将图线或符号断开。（　　）

任务 1.3　常 用 制 图 工 具

尺规绘图常用工具

【任务目标】

1. 了解常用制图工具

2. 正确使用制图工具

要提高绘图的速度和质量，需要具备必要的绘图工具和掌握正确的工具使用方法，绘图一般分为尺规绘图和电脑绘图。

1.3.1　尺规绘图工具

1. 图板

图板主要用来固定图纸及用作丁字尺的导边，图板四周镶以直的硬木条或铝边，防止图板变形，并可作为丁字尺的导边，使用时注意保持工作边的平直和板面的整洁，切勿损坏板面。图板有大小相同的规格，常用的规格有 A1、A2、A3 等，使用时可根据需要进行选择。

2. 丁字尺

丁字尺主要用于画水平线和用作三角板的导边。丁字尺由尺头和尺身两部分组成，其材料一般为有机玻璃。丁字尺有各种规格，一般与图板配套使用。常见的丁字尺有固定式和活动式两种。使用时应将尺头紧靠图板左侧导边，左手握尺头，右手推动尺身，上下滑动。画水平线时将尺身上边缘对准所要画线的位置，笔尖紧靠尺身，笔杆略向右倾斜，从左往右匀速画线。

3. 铅笔

铅笔用来绘制工程图样中不同形式的线条和注写文字。绘图铅笔的铅芯有软硬之分，用B和H表示。B、2B、3B、4B等，前面的数字越大表示铅芯越软且色越浓黑；H、2H、3H、4H等，前面的数字越大表示铅芯越硬且色越浅淡；HB介于软硬之间。绘图时常用H或2H的铅笔画底稿，用HB或B的铅笔加深底稿，用H或F（硬度介于H、HB之间）的铅笔写字。削铅笔时应保留标号，以便识别铅芯的软硬度。被削去的笔杆长度为25～30mm，露出的铅芯长度为6～8mm，一般削成圆锥形，加深粗实线的铅笔芯应削磨成扁平形。使用铅笔画线时，笔杆轴线与画线方向所构成的平面与纸面垂直，匀速前进，并向画线方向倾斜约30°。

4. 三角板

三角板两块为一副，其中一块的三个角分别为30°、60°、90°，另一块的三个角分别为45°、45°、90°，用塑料或有机玻璃制成。其用途有三个方面：

(1) 与丁字尺配合画铅垂线。所有铅垂线，不论长短，都可用三角板和丁字尺配合画出。

(2) 与丁字尺配合画15°倍角的斜线。一副三角板与丁字尺配合使用，可画出与水平线分别成15°、30°、45°、60°、75°等角度的斜线。

(3) 两块三角板配合画任意直线的平行线或垂直线。画线时其中一块三角板起定位作用，另一块三角板沿其定位边移动并画直线。

5. 圆规

圆规是用于画圆及圆弧的。圆规一条腿下端装有带锥形台肩的钢针，用于定圆心，这种台肩式钢针画圆时扎孔深度约0.5mm，圆规的另一条腿端部是可拆卸换装的铅芯插脚、鸭嘴插脚或针管笔、钢针插脚，分别绘制铅笔图、墨线图和作为分规来等分线段，延伸杆用于加长所画圆的半径铅芯在画底稿时，应磨成截头圆柱或圆锥形，加深底稿时应削磨成扁平形。在画圆之前要校正铅芯与钢针的位置，即圆规两腿合拢时，铅芯要与钢针的台肩平齐画圆时，先用圆规量取所画圆的半径，左手食指将针尖导入圆心位置，再用右手拇指和食指捏住圆规顶部手柄，顺时针方向旋转，速度和用力要均匀，并向前进方向自然倾斜。

6. 曲线板

曲线板用于画非圆曲线，多用塑料或有机玻璃制成。用曲线板画曲线时，首先用几何作图方法定出曲线上一系列点，并徒手轻轻地用铅笔将各点用细实线连成曲线，然后在曲线板上选择与曲线吻合的部分，尽量多吻合于此点（不少于 3 个点），从起点到终点按顺序分段描绘，以使曲线连接光滑。

7. 橡皮擦

橡皮擦可分为擦拭铅笔用和擦拭墨线用两种。在绘图过程中，橡皮擦是不可缺少的消耗品，它用来擦拭画错、多余线或其他内容，经常配合擦图片使用。

8. 擦图片

擦图片由金属或塑料薄片制成，用来修改图中的错误。使用时，可用擦图片来掩盖需要的图线，将空格对准绘错或多余的图线，用橡皮擦擦去多余的线而保护其他部分的图线。

9. 模板

模板由金属或塑料薄片制成，可根据需要绘制常用水利符号。

1.3.2 电脑绘图

电脑绘图指的是使用绘图软件进行平面和三维建模，一般常用的水利平面绘图软件是 AutoCAD，常用的水利三维建模软件有 AutoCAD、SketchUp、Revit 等。本书只介绍尺规制图和 AutoCAD 软件的使用方法。

任务 1.4 绘图步骤与方法

【任务目标】

1. 了解绘图步骤与方法
2. 学会正确使用制图工具

尺规绘图

绘图的步骤和方法一般分为尺规绘图方法和计算机绘图方法，尺规绘图一般指的是合理利用绘图工具进行的手工绘图，计算机绘图指的是合理使用绘图软件进行平面绘图和三维建模。

随着时代的发展，绘图已经从尺规绘图发展到电脑软件绘图，在水利工程图中，基本用不到尺规绘图，只有在初学制图的时候，为了在头脑中构建三维模型和规范制图标准才会用到尺规制图。

如今绘图的思维方式也发生了变化。早期水利工程制图课程的发展由于受时代的限制，设计师无法提供高精度的三维模型，只能用平面的设计图纸来表达实物，工程技术人员需要学习从三维图形到二维图形的空间想象能力，也需要学习从二维图形到三维图形的空间想象能力，传统的水利工程制图就是在这个基础上发展起来的。随着电脑软件和技术的发展，制图从手工制图向计算机制图转变，从计算机平面绘图时代向三维建模时代发展，并逐渐从三维建模向 BIM 发展的阶段过渡，所以，既需要学习平面制图原理，也需要学习三维制图方法。计算机软件绘图常用的平面绘图软件有 AutoCAD，常用的三维建模软件主要有 AutoCAD、SketchUp、Revit 等。本书只介绍尺规制图和 AutoCAD 的平面和三维建模绘制。

1.4.1　尺规绘图步骤与方法

1. 绘图步骤

画基准线——画已知线段——画中间线段——画连接线段。

2. 绘图方法

准备——画底稿——检查、加深、标注。

(1) 准备。

1) 阅读有关资料，了解所画图样的内容和要求，做到心中有数。

2) 擦净制图仪器和工具，摆放在绘图桌的搁物板上，便于取用，削好各种硬度的铅笔和圆规用铅芯备用。

3) 按要求选择图纸幅面，然后用胶带纸将图纸固定在图板的适当位置。图纸要摆正放平，并使图纸下边缘距离图板下缘宽一个丁字尺的尺身。

(2) 画底稿。

1) 用H或2H铅笔按标准规定，轻而细地画出图框及标题栏。

2) 确定比例，布置图形，画出各图形的基准线，使各图形在图框内布置均匀。

3) 按先画已知线段，再画中间线段，最后画连接线段的步骤，依次画出各平面图形。

4) 画尺寸界线和尺寸线。

(3) 检查、加深、标注。

1) 检查。仔细检查图形底稿及尺寸有无错误、遗漏，擦去多余的作图线，保持图纸干净。

2) 加深。用HB铅笔加深粗实线，用H铅笔加深细线和写字，圆规加深所用铅芯应比加深粗实线的铅笔软一号，用B铅芯。同类图线要一起加深，使图线粗细、浓淡保持一致，并提高绘图速度。加深图线的顺序是：先粗线后细线；先曲线后直线；先小圆（或小圆弧）后大圆（或大圆弧）。

3) 标注。画尺寸起止符号和注写数字（一次完成），填写说明文字和标题栏，加深图框和标题栏框，完成全图。

一幅高质量的图样，应作图准确，图形布置匀称，图线粗细分明，尺寸排列美观易读，数字、字母和文字书写清晰规范，同字号字体大小一致，图面干净整洁。

1.4.2　电脑绘图步骤与方法

1. 平面图形绘图步骤

绘图环境设置→绘制图形→比例缩放→符号填充→标注→说明及文字。

2. 绘图方法

准备已安装AutoCAD软件的计算机——读图并检查图形是否符合制图标准→检查有无漏、缺图→根据制图标准合理安排图形在合适的图层上→检查并标注。

和尺规制图一样，一幅高质量的图样，应作图准确，图形布置匀称，布图美观，图线粗细分明，尺寸排列美观易读，符合制图标准。

项目2 投影的基本知识

项目 2
课程导学

【知识目标】

1. 了解投影的基本概念和分类
2. 理解正投影的基本原理
3. 掌握三视图的形成及其投影规律
4. 组合柱、简单叠加体和简单切割体的画法
5. 组合体的画法

【技能目标】

1. 组合柱、简单叠加体和简单切割体的画法能力
2. 组合体的画法能力

任务 2.1 投影法和正投影的基本性质

投影法与
正投影的
基本性质

【任务目标】

1. 了解投影法和正投影的基本性质
2. 能区分投影法和正投影法

2.1.1 投影的概念

物体在阳光或灯光的照射下，在地面或墙面上会产生影子，这就是投影现象。人们在长期的生产实践中，将物体与影子之间的关系经过科学的抽象、总结，从而形成了投影法。

工程界广泛采用投影的方法表达物体，以实现三维物体与二维图形的相互转换。影子只反映物体的外形轮廓；而投影则须按投影法原理，把物体的所有内外表面轮廓全部显示出来。投影法，就是投影线通过物体向选定投影面投射，并在该面上得到图形的方法。

投影（投影图）就是根据投影法，通过物体的一组投射线向投影面投射，在投影面上得到的图形称为物体在该投影面上的投影。

投影面，是在投影法中得到投影的平面。

产生投影时必须具备的三个基本条件是投影线、被投影的物体和投影面。

必须注意的是，工程制图中的投影与物体的影子是有区别的：投影必须按投影法原理，把物体的所有内外表面轮廓全部表示出来，影子则只需反映物体的外形轮廓。

2.1.2 投影法的分类

根据投射线的类型（平行或交会）、投射线与投影面的相对位置（垂直或倾斜）的不同，投影法分为以下两类。

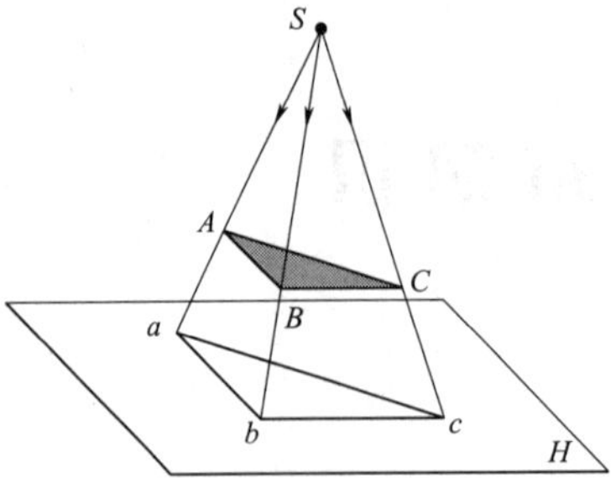

图 2.1 中心投影法图

1. 中心投影法

投射线会交于一点的投影法为中心投影法。会交点用 S 表示，称为投射中心，如图 2.1 所示。采用中心投影法绘制的图形一般不反映物体的真实大小，但立体感好，多用于绘制建筑物的透视图。

2. 平行投影法

投射线相互平行的投影法为平行投影法。用平行投影法投影所得到的图形称为平行投影，如图 2.2 所示。

在平行投影法中，根据投射线与投影面的倾角不同，又可分为两种：

(1) 投射线垂直于投影面的平行投影法称为正投影法；由正投影法得到的投影为正投影，如图 2.2 (a) 所示。

(2) 投射线倾斜于投影面的平行投影法称为斜投影法；由斜投影法得到的投影为斜投影，如图 2.2 (b) 所示。

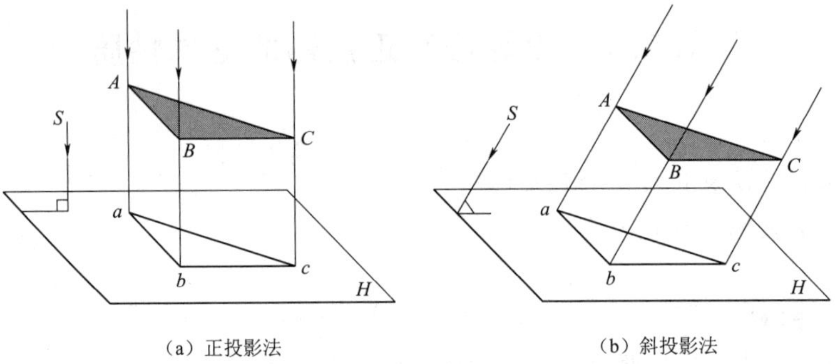

图 2.2 平行投影法

采用正投影法绘制图样时，若将几何元素平行于投影面，其投影可以反映它的真实形状和大小，不仅作图方便，而且度量性好，故工程图样广泛采用正投影法来绘制。

2.1.3 正投影的基本性质

1. 真实性

直线或平面平行于投影面，投影反映直线的实际长度或平面的实际形状，如图 2.3 所示。

2. 积聚性

直线或平面垂直于投影面，直线的投影积聚成点，平面的投影积聚成直线，如图 2.4 所示。

3. 类似收缩性

直线或平面倾斜于投影面，直线的投影小于直线的实际长度或平面的投影小于平面的实际大小，但是形状相似、边数相等的图形，如图 2.5 所示。

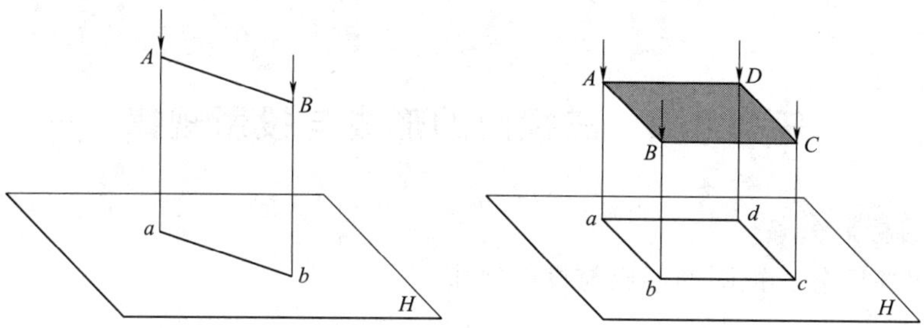

（a）　　　　（b）

图 2.3　直线、平面平行于投影面时的投影

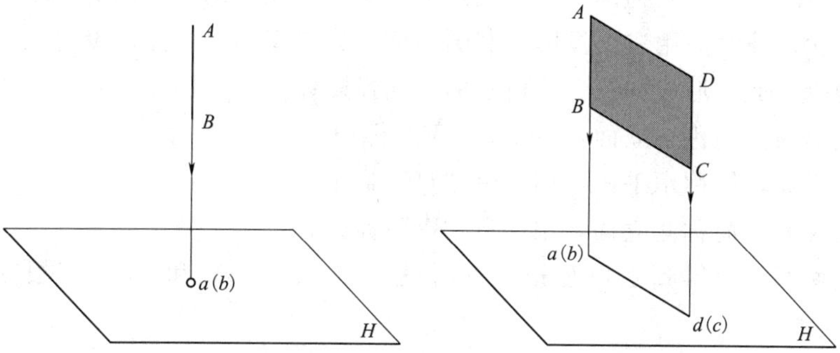

（a）　　　　（b）

图 2.4　直线、平面垂直于投影面时的投影

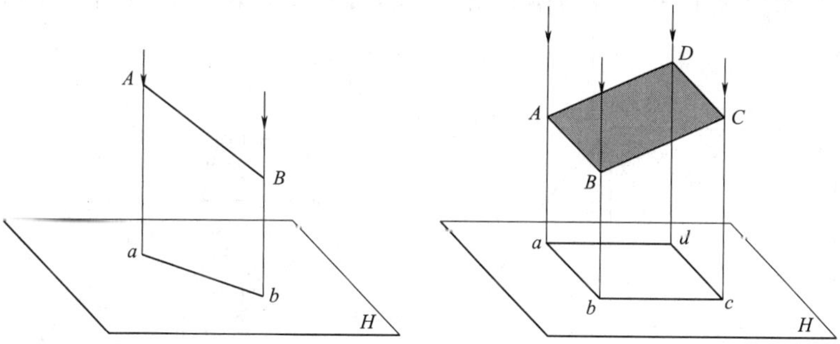

（a）　　　　（b）

图 2.5　直线、平面倾斜于投影面时的投影

【项目训练】

项目训练-任务 2.1 答案

1. 投影线互相平行，且垂直于投影面的投影方法称为（　　）。

A. 斜投影　　B. 中心投影　　C. 正投影　　D. 平行投影

2. 当直线与投影面平行时，该直线在投影面上的投影具有（　　）。

A. 积聚性　　B. 真实性　　C. 类似性　　D. 平行性

3. 在正投影中，当平面与投影面平行时，该平面在投影面上的投影为（　　）。

A. 点　　B. 直线　　C. 实形的平面　　D. 缩小的平面

任务 2.2　三视图的形成与投影规律

【任务目标】

1. 了解并区分三视图的形成与投影规律

三视图的形成与投影规律

2.2.1　三视图的形成

1. 投影面的设立

在一般情况下，只凭物体的一个或两个投影不能完全确定物体的形状。要反映物体的完整形状，通常需用三个投影，制图中称之为三视图。为此，设置三个互相垂直的平面作为投影面，形成如图 2.6 所示的三面投影体系。其中：

正立投影面，简称正立面，用字母“*V*”标记。

水平投影面，简称水平面，用字母“*H*”标记。

侧立投影面，简称侧立面，用字母“*W*”标记。

投影面两两相交得到三根互相垂直的投影轴 *OX*、*OY* 和 *OZ*，三根轴的交点 *O* 称为原点。

2. 分面进行投影

如图 2.7 所示，现将被投影的物体置于三面投影面体系中，并尽可能使物体的几个主要表面平行或垂直于其中的一个或几个投影面（使物体的底面平行于 *H* 面，物体的前、后端面平行于 *V* 面，物体的左、右端面平行于 *W* 面），以利视图能反映物体的真实形状。

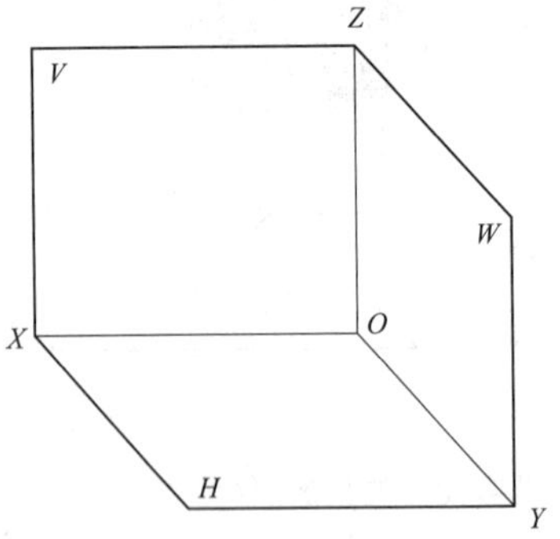

图 2.6　三面投影体系

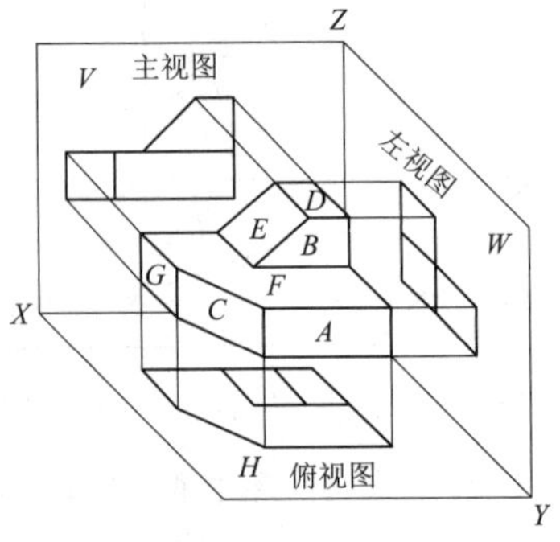

图 2.7　物体在三投影系中的投影

保持物体的位置不变，将物体分别向三个投影面做投影，就得到了物体的三视图。其中：

主视图：物体在正立面上的投影，即从前向后看物体所得的视图。

俯视图：物体在水平面上的投影，即从上向下看物体所得的视图。

左视图：物体在侧立面上的投影，即从左向右看物体所得的视图。

3. 投影面的展开

为使三个视图位于同一平面上，需将互相垂直的三个投影面展开成一个平面。方法如图 2.8 所示：V 面不动，H 面绕 OX 轴向下旋转 90°；W 面绕 OZ 轴向右旋转 90°，使它们与 V 面在同一个平面内。这时 OY 轴被一分为二，随 H 面转至下方的标记为 Y_H，随 W 面转至右方的标记为 Y_W，展开后的三视图如图 2.9 所示。

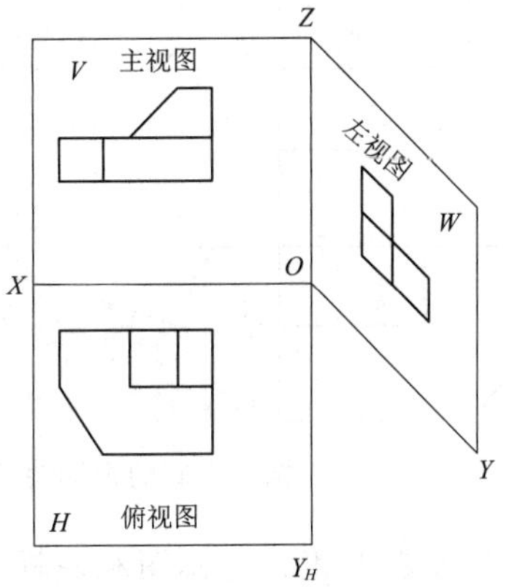

图 2.8　三视图的展开方法

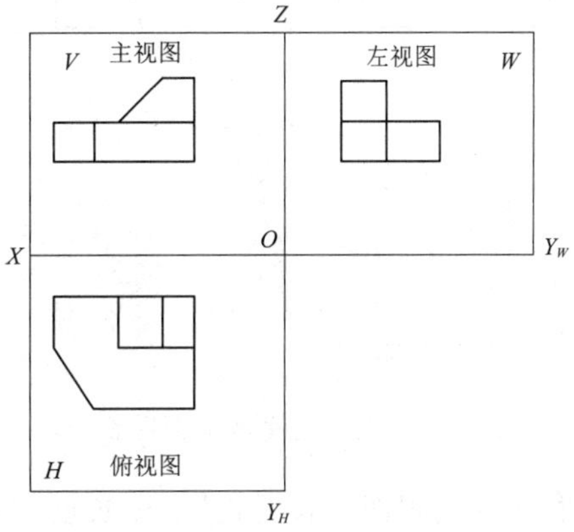

图 2.9　展开后的三视图

2.2.2　三视图的分析

1. 视图与物体的对应关系

物体有前、后、上、下、左、右六个方位，在三视图中，每个视图反映四个方位，如图 2.10 所示。

主视图反映了物体的上、下与左、右位置；俯视图反映了物体的前、后与左、右位置；左视图反映了物体的上、下与前、后位置。

注意，判断物体的前、后位置是个难点，应对照立体图加以理解，并可用“里后外前”这四个字帮助记忆。即在俯视图和左视图中，靠近主视图的一边是物体的后面，远离主视图的一边是物体的前面。

熟练掌握在三视图中识别形体的方法，有助于在画图与识图过程中分析形体各部分之间的位置关系。

由于立体的投影图与投影轴的距离不影响立体本身的形状、大小，所以在实际工程图样中，投影轴可以省略不画。

2. 三视图的投影规律

三视图的投影规律，是指三个视图之间的关系。从三视图的形成过程中可以看出，如图 2.10 和图 2.11 所示。

主视图反映物体的长度（X 方向）和高度（Z 方向）；俯视图反映物体的长度（X 方向）和宽度（Y 方向）；左视图反映物体的高度（Z 方向）和宽度（Y 方向）。

因为三视图是在物体安放位置不变的情况下，从三个不同的方向投影所得，它们共同表达一个物体，并且每两个视图中就有一个共同尺寸，所以三视图之间存在如下的度量关系，如图 2.11 所示。

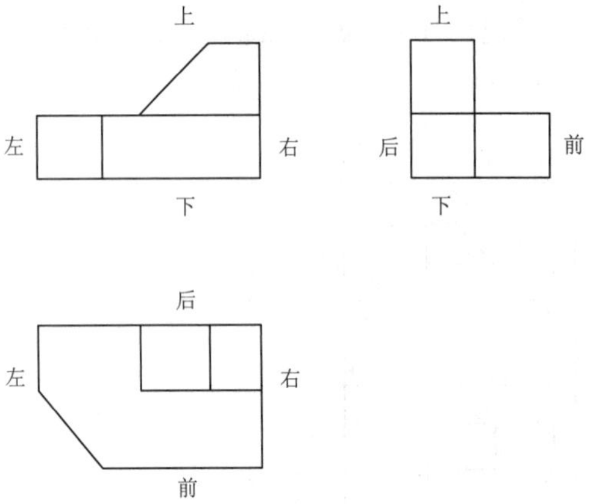

图 2.10　三视图与空间物体的关系

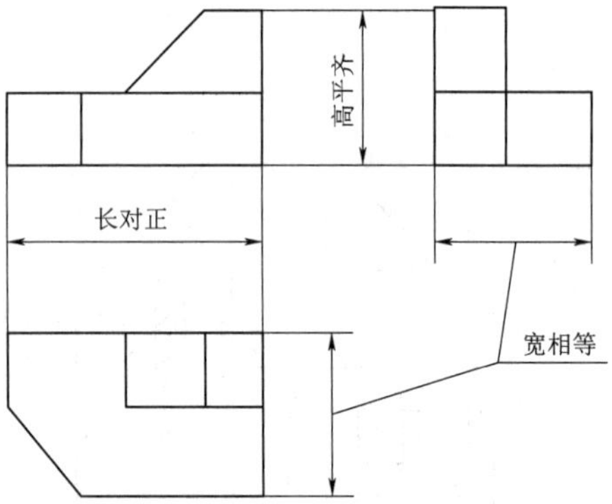

图 2.11　三视图之间的投影关系

主视图和俯视图“长对正”，即长度相等，并且左右对正；主视图和左视图“高平齐”，即高度相等，并且上下平齐；俯视图和左视图“宽相等”，即在作图中俯视图的竖直方向与左视图的水平方向对应相等。

“长对正、高平齐、宽相等”是三视图之间的投影规律，是画图和读图的重要依据。不论物体的总体轮廓还是局部结构，都必须遵循这一投影规律。

【项目训练】

项目训练-任务 2.2 答案

1. 左视图的投影方向是（　　）。

A. 由前向后　B. 由左向右　C. 由右向左　D. 由上向下

2. 正视图和左视图的投影规律是（　　）。

A. 长对正　B. 高平齐　C. 宽相等　D. 都不正确

3. 左视图反映物体的（　　）位置。

A. 左右上下　B. 前后上下　C. 前后左右　D. 都不是

4. 三视图中“宽相等”是指哪两个视图之间的关系（　　）。

A. 正视图和俯视图　B. 正视图和左视图

C. 俯视图和左视图　D. 正视图和右视图

5. 左视图中，离正视图较近的一侧反映物体的方位是（　　）。

A. 左方　B. 右方　C. 前方　D. 后方

6. 能反映物体左右和上下方位的是（　　）。

A. 正视图　B. 俯视图　C. 左视图　D. 右视图

7. 在俯视图中，俯视图远离正视图的一边是空间物体的（　　）。

A. 左方　B. 右方　C. 前方　D. 后方

8. 下列三视图中与立体图相对应的是（　　）。

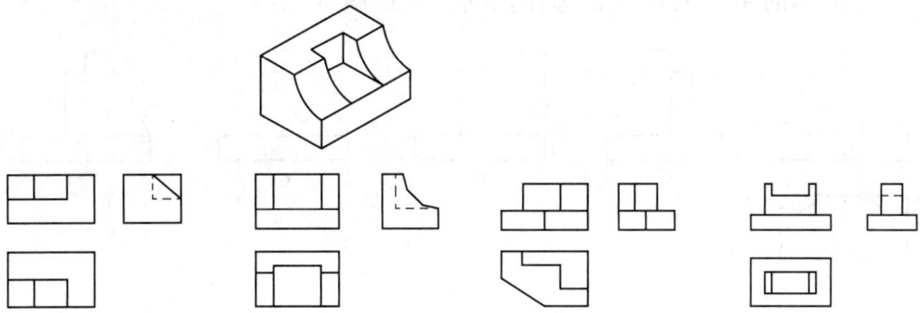

A　　B　　C　　D

9. 已知物体的主、左视图，正确的俯视图是（　　）。

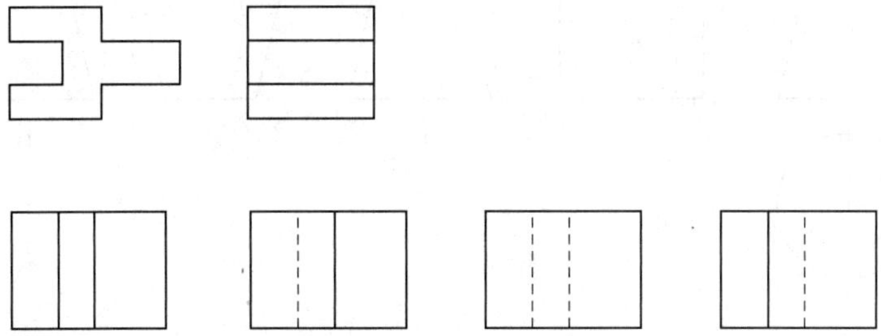

A　　B　　C　　D

10. 已知物体的主、左视图，选择正确的俯视图（　　）。

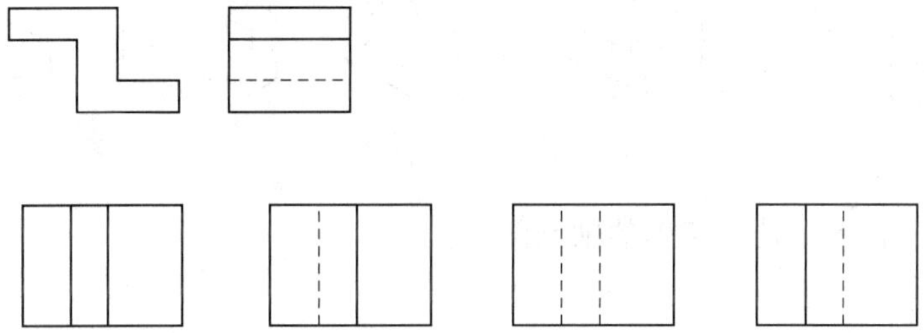

A　　B　　C　　D

11. 已知物体的主、左视图，选择正确的俯视图（　　）。

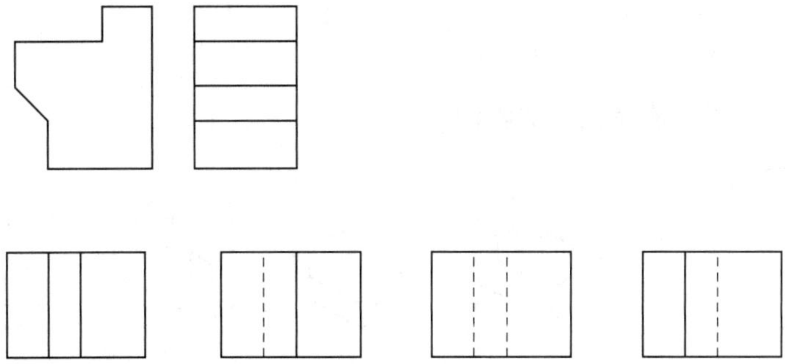

A　　B　　C　　D

12. 已知物体的主、俯视图，选择正确的左视图（　　）。

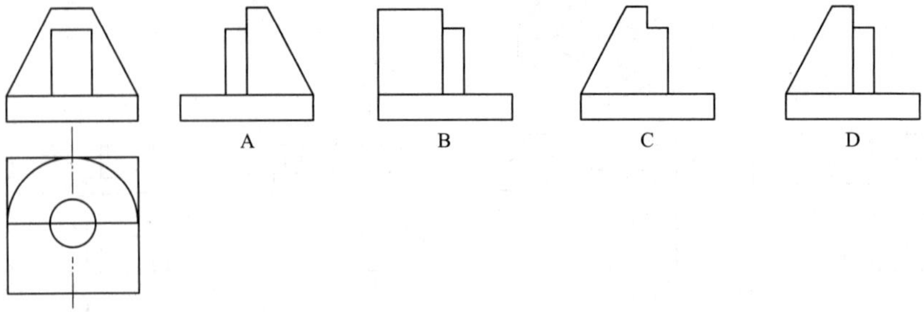

13. 已知物体的主、俯视图，选择正确的左视图（　　）。

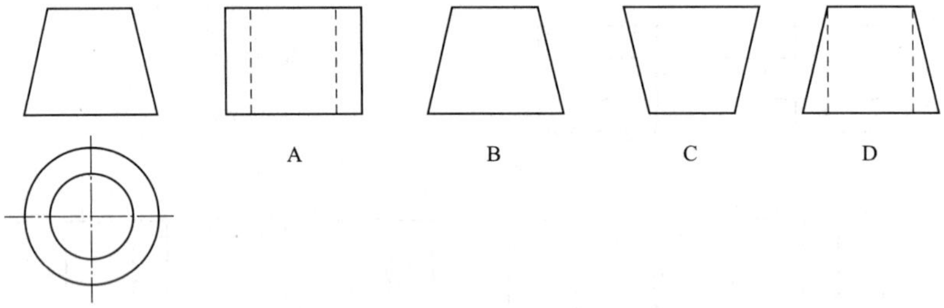

14. 已知三视图，选择正确的轴测图（　　）。

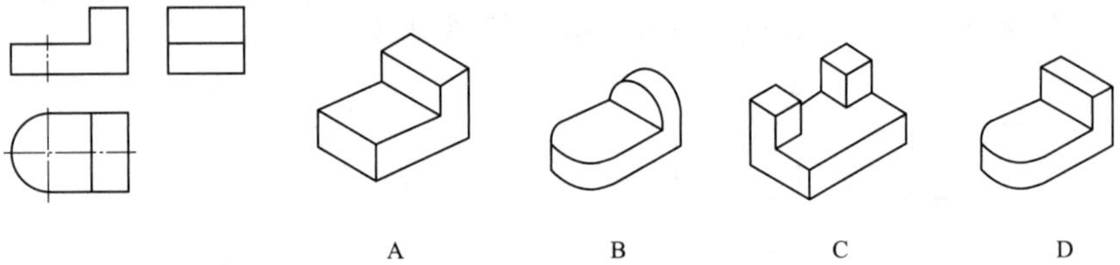

15. 已知三视图，选择正确的轴测图（　　）。

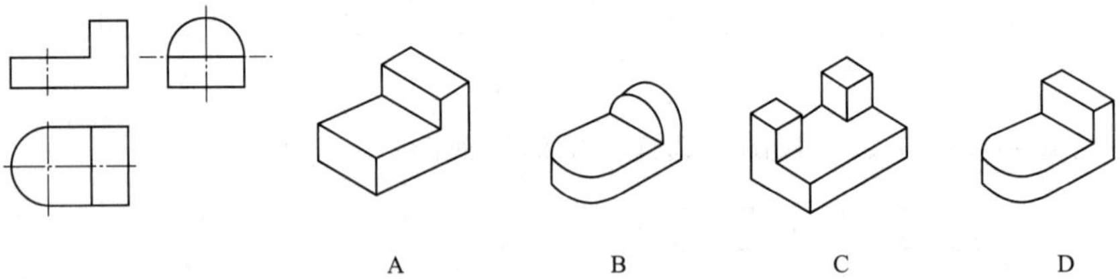

16. 已知三视图，选择正确的轴测图（　　）。

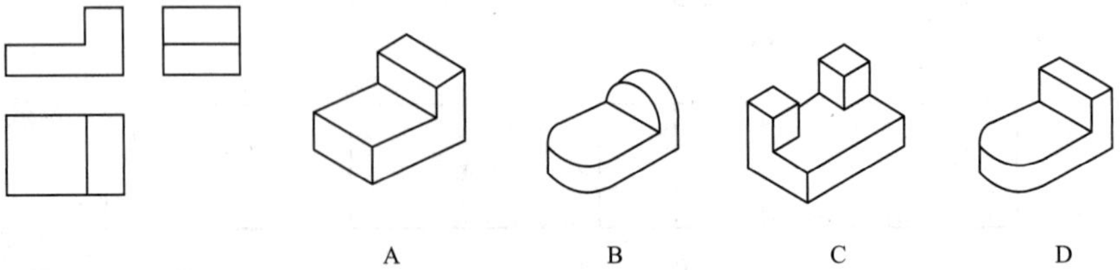

17. 已知三视图，选择正确的轴测图（　　）。

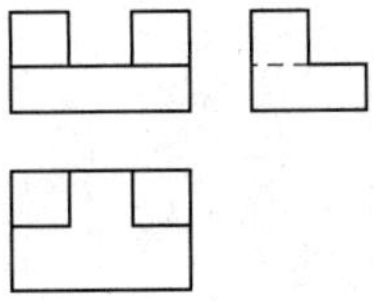

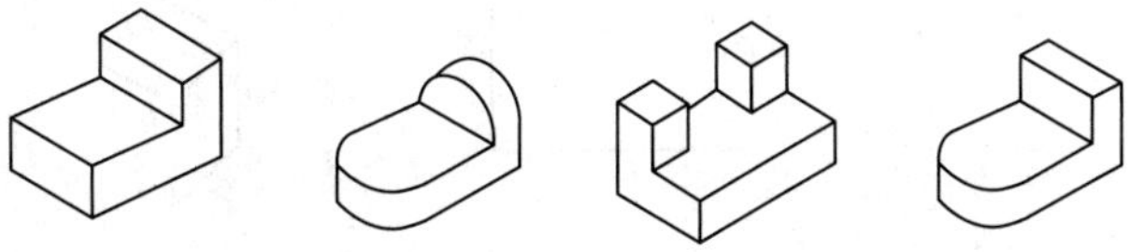

A　　B　　C　　D

18. 已知轴测图，选择正确的三视图（　　）。

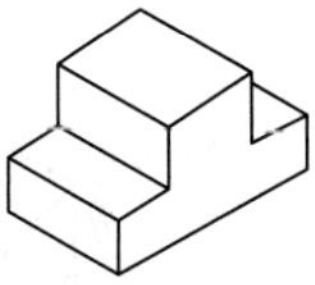

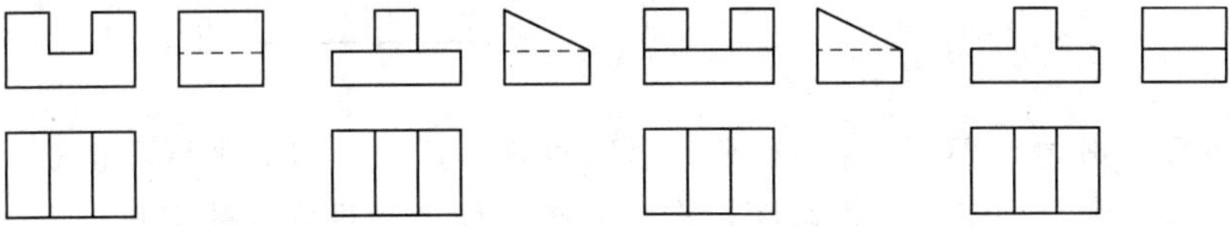

A　　B　　C　　D

19. 已知轴测图，选择正确的三视图（　　）。

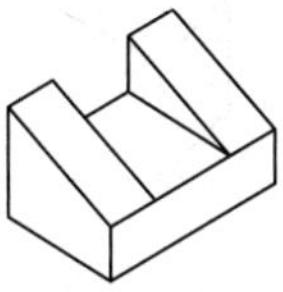

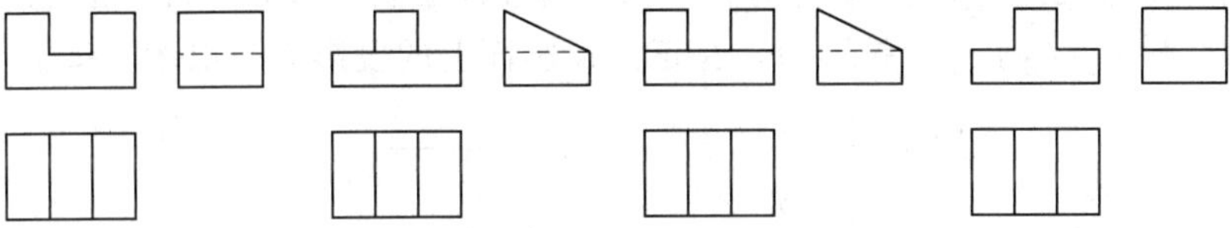

A　　B　　C　　D

20. 已知轴测图，选择正确的三视图（　　）。

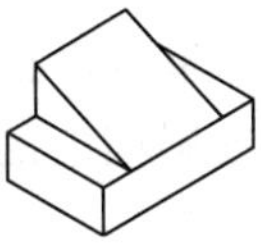

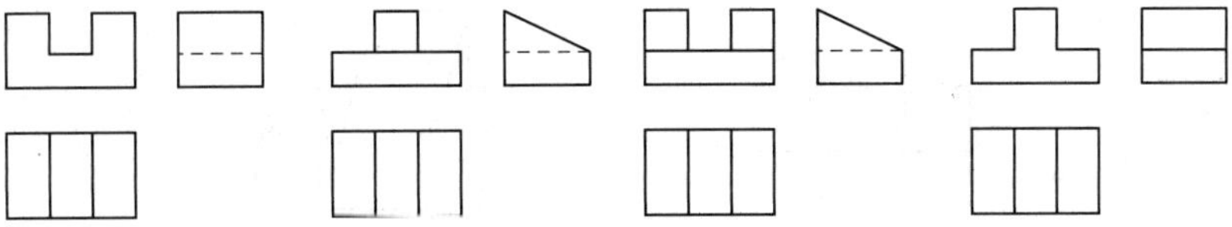

A　　B　　C　　D

21. *P* 平面____于____投影面，在正立投影面上的投影反映实形。（　　）

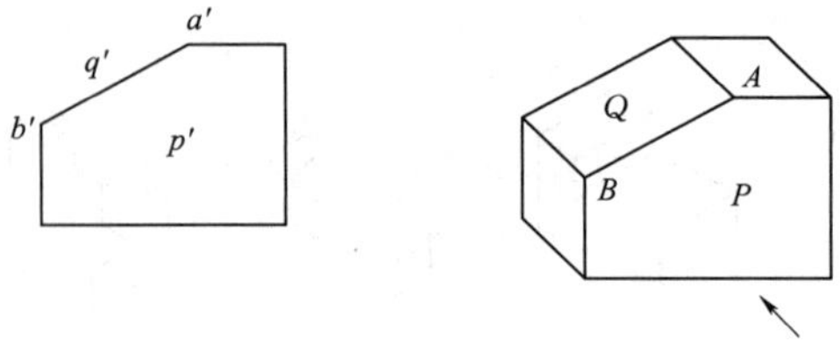

A. 平行、侧立　B. 垂直、水平　C. 垂直、正立　D. 平行、正立

22. Q 平面____于____投影面，在该正立投影面上的投影具有积聚性。(　　)

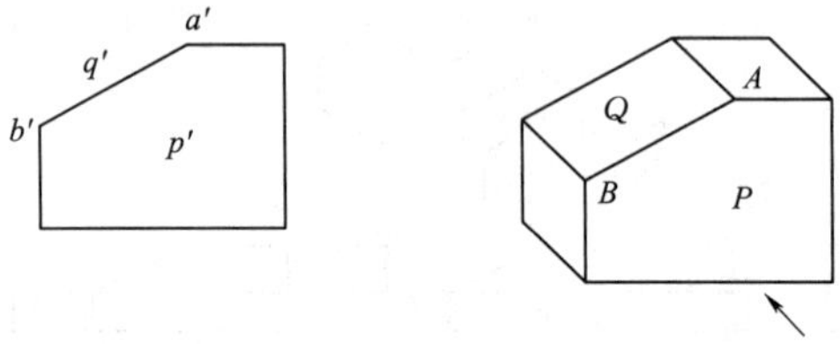

A. 平行、侧立　B. 垂直、水平　C. 垂直、正立　D. 平行、正立

23. AB 直线____于____投影面，在正立投影面上的投影反映实长。(　　)

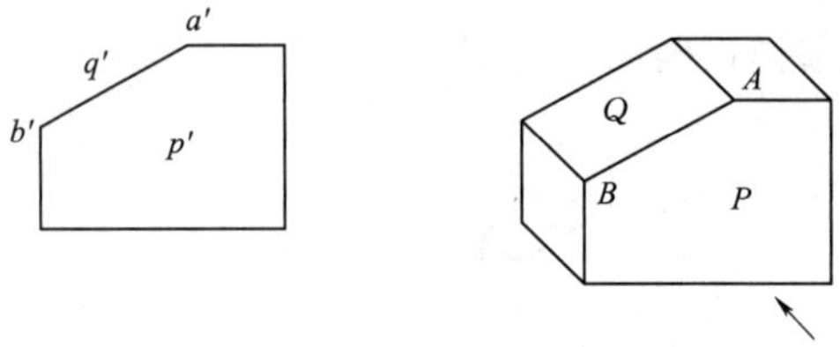

A. 平行、侧立　B. 垂直、水平　C. 垂直、正立　D. 平行、正立

24. P 平面____于____投影面，在正立投影面上的投影为类似形。(　　)

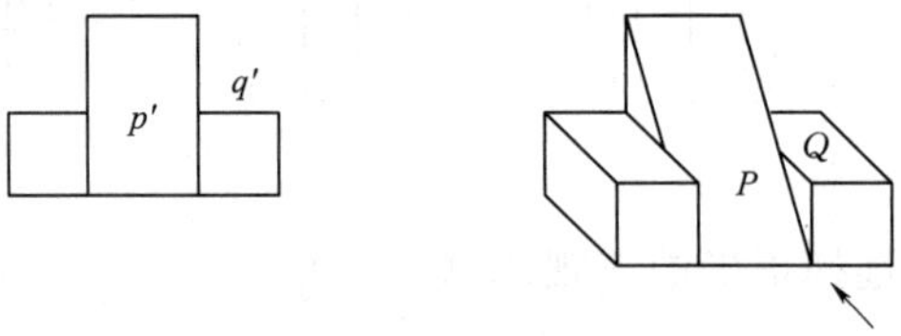

A. 倾斜、正立　B. 平行、水平　C. 垂直、正立　D. 倾斜、侧立

25. Q 平面____于____投影面，在正立投影面上的投影积聚成直线。(　　)

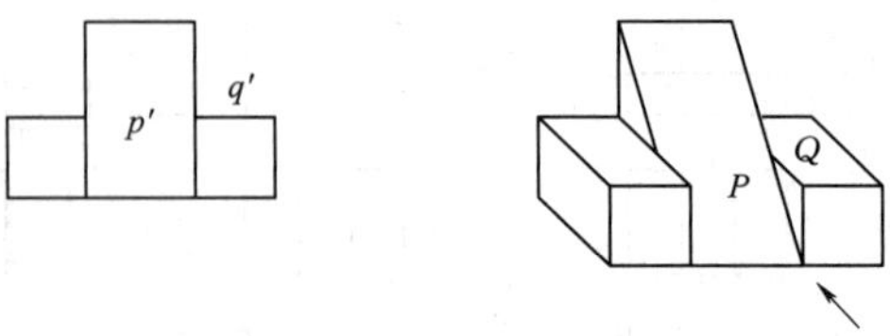

A. 倾斜、正立　B. 平行、水平　C. 平行、正立　D. 倾斜、侧立

26. Q 平面____于____投影面，在正立投影面上的投影反映实形。(　　)

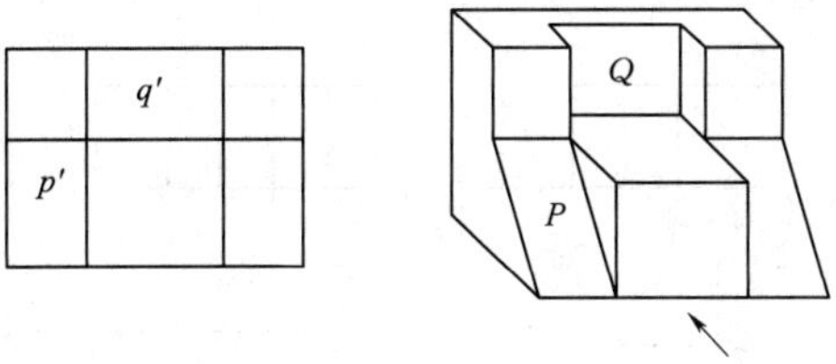

A. 倾斜、正立　　B. 平行、正立　　C. 垂直、正立　　D. 倾斜、侧立

27. P 平面____于____投影面，在正立投影面上的投影为类似形。(　　)

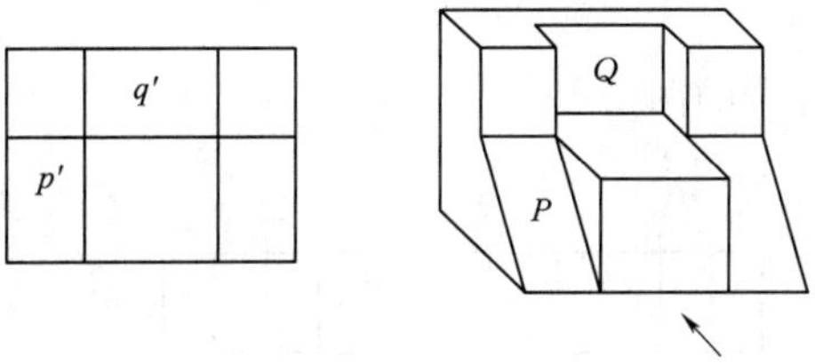

A. 倾斜、正立　　B. 平行、正立　　C. 垂直、侧立　　D. 倾斜、侧立

28. 下图中代表三棱柱的图形是（　　）。

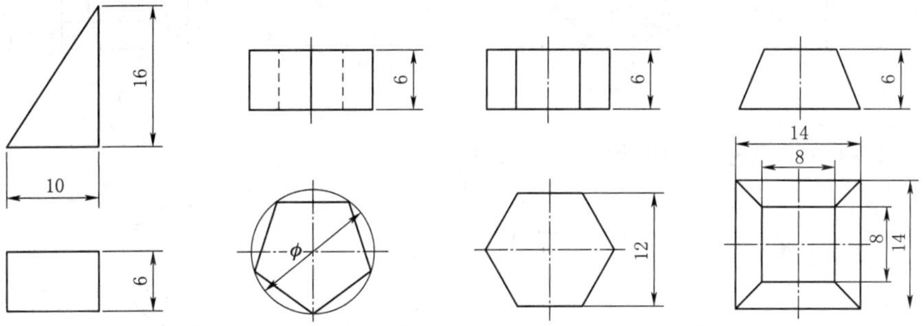

A　　B　　C　　D

29. 下图中代表五棱柱的图形是（　　）。

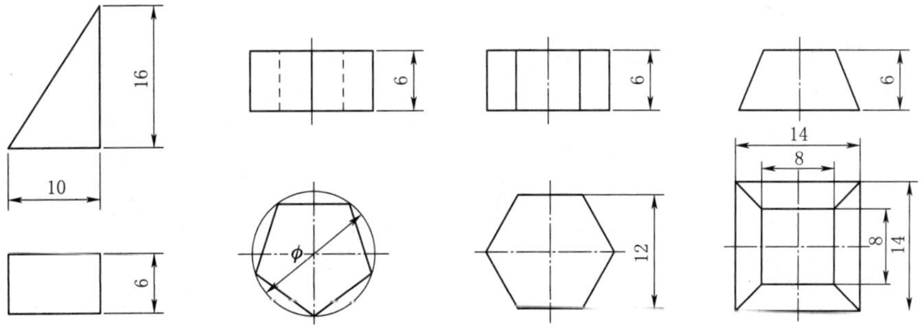

A　　B　　C　　D

30. 下图中代表六棱柱的图形是（　　）。

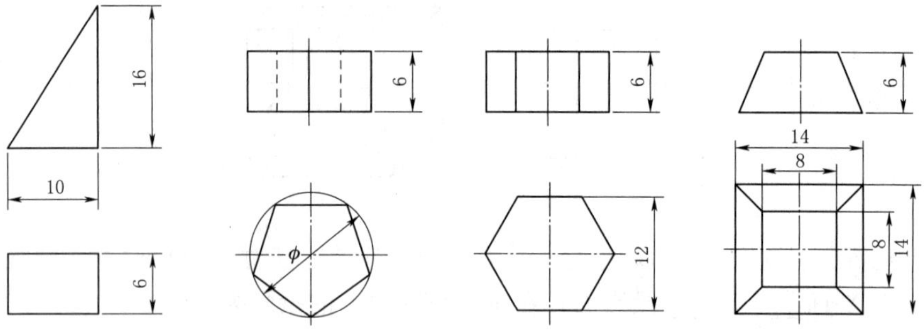

A　　B　　C　　D

31. 下图中代表四棱台的图形是（　　）。

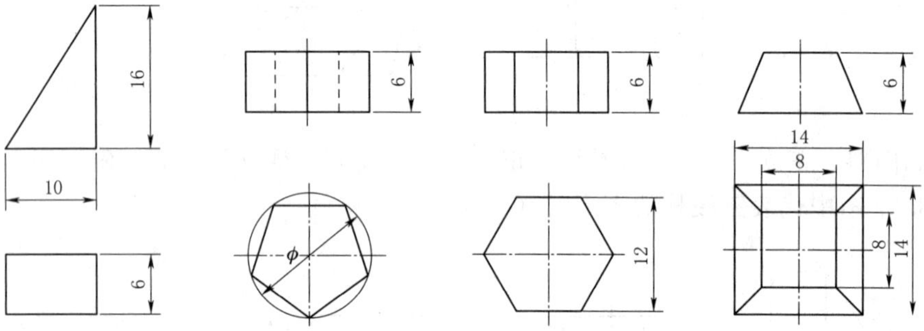

A　　B　　C　　D

32. 下图中代表柱体的图形是（　　）。

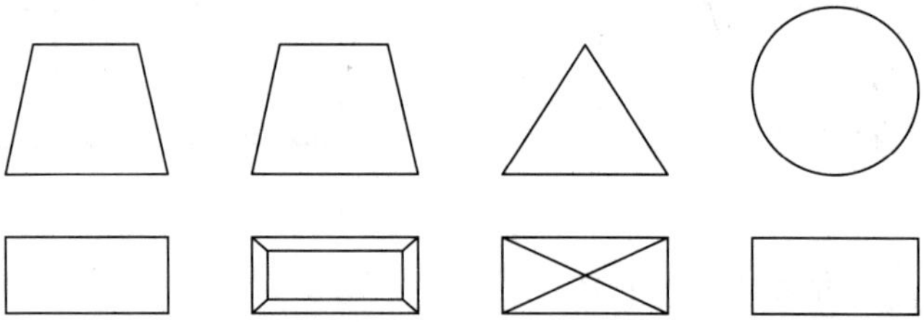

A　　B　　C　　D

33. 下图中代表圆球体的图形是（　　）。

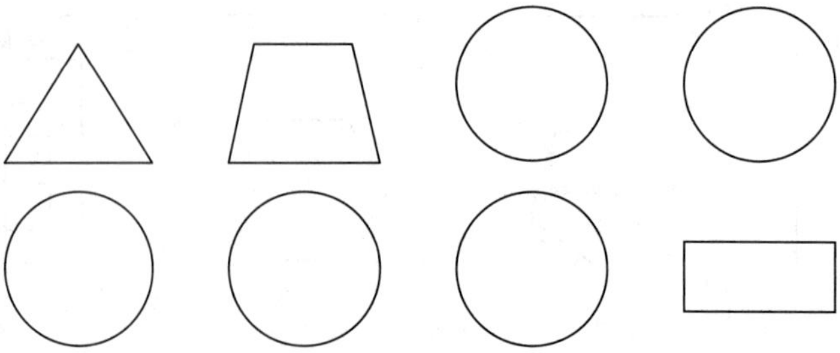

A　　B　　C　　D

任务2.3　三 视 图 的 画 法

三视图的画法与识读-平面体

【任务目标】

1. 了解三视图的画法要点
2. 能绘制指定形体的三视图

2.3.1　基本依据

画物体的三视图时，我们必须利用前面所学的正投影法原理和几何要素的投影特性以及三视图之间的投影关系、投影规律。如要得到形体的主视图，观察者设想自己置身于物体的正前方观察形体，视线垂直于正立投影面；为了获得俯视图，物体保持不动，观察者自上而下地俯视物体，视线垂直于水平投影面；要画左视图，从左向右观察物体，视线垂直于侧立投影面。

2.3.2　注意要点

三视图的画法与识读-曲面体

初学者最好根据教学模型练习画三视图，并注意以下几点。

（1）首先应把模型位置摆平放正，同时选定主视图方向。

（2）开始作图前，应先确定出视图的位置，画出作图基准线，如中心线或某些边线。

（3）分析模型上各部分形体的几何形状和位置关系，并根据其投影特性（真实性、积聚性、类似性），画出形体各面的投影。

（4）底稿要画得轻而细，以便修改，作图完成后再描粗加深。

（5）要注意作图顺序，应先画出具有真实性或积聚性的那些表面。对于具有积聚性的面，宜先画出其积聚成直线的投影，这样就便于画出其在另外两个视图中的类似性投影。

（6）作图所需尺寸可在模型上量取，每个尺寸只可量取一次。相邻视图之间相应投影的尺寸关系应保持长对正、高平齐、宽相等。

2.3.3　三视图的画图步骤

简单体三视图的画法与识读

（1）根据轴测图选主视方向。

（2）画定位（基准）线及大体形状（一般先画特征图）。

（3）画细部结构形状。

（4）完成三视图，描粗加深。

【例 2.1】 作如图 2.12（a）所示物体的三视图。

分析：

该立体可分为左、右两部分，左边部分和右边部分均为长方体，左边是一个凹字形，右边是矩形切掉一个角，该物体是一个比较简单的物体，直接做视图，一般先画主视图。

作图：

（1）作物体的主视图，如图 2.12（b）所示。

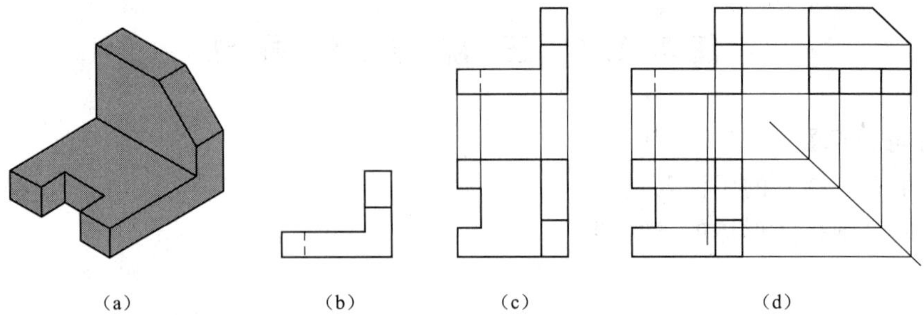

图 2.12　三视图的画法

(2) 作物体的俯视图，如图 2.12 (c) 所示。

(3) 作物体的左视图，如图 2.12 (d) 所示。

(4) 检查并加深图形。

【例 2.2】 如图 2.13 (a) 所示，作出组合柱的三视图。

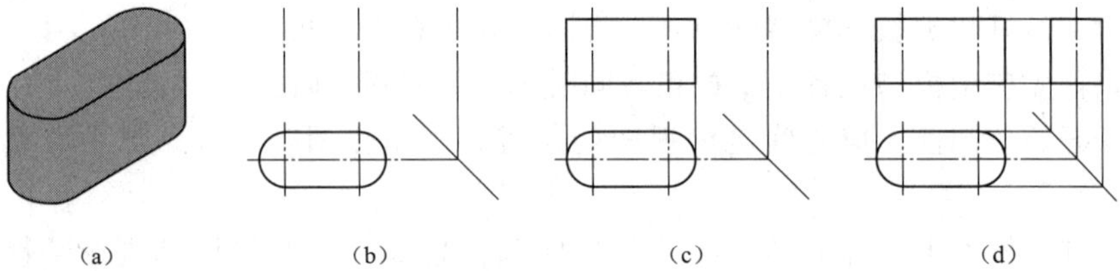

图 2.13　组合柱的画法

分析：

该立体为半圆头柱体叠放在长方体上，与水利工程图对应的是水闸的中墩。

作图：

(1) 作长方体、半圆头柱体的三视图，俯视图反映实形，特征图在俯视图上，先做俯视图，如图 2.13 (b) 所示。

(2) 根据长对正原则，做主视图，如图 2.13 (c) 所示。

(3) 根据长对正和宽相等原则，做左视图，检查并加深图形，如图 2.13 (d) 所示。

【例 2.3】 作如图 2.14 (a) 所示叠加体的三视图。

分析：

叠加体的画法是先进行拆分，拆分成一个一个基本体，再一个基本体一个基本体的分析，该立体可分为左、右两部分，左边部分为一个舌形柱，中间挖掉一个圆柱，右边部分为半圆柱，画图的时候一个基本体一个基本体的绘制。

作图：

(1) 做一个基本体，如图 2.14 (b) 所示。

(2) 再做另一个基本体，如图 2.14 (c) 所示。

(3) 检查并加深图形，如图 2.14 (d) 所示。

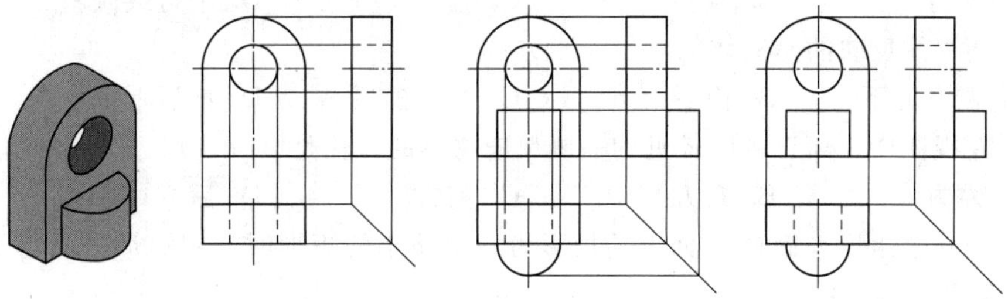

(a)　(b)　(c)　(d)

图 2.14　叠加体的画法

【例 2.4】 作如图 2.15（a）所示切割体的三视图。

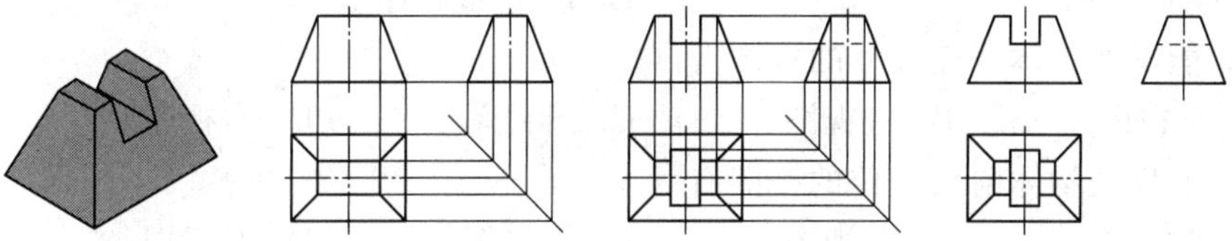

(a)　(b)　(c)　(d)

图 2.15　切割体的画法

分析：

切割体的画法是先找出原体，再一处一处画切割部分，该立体原体是一个四棱台，被切割掉一个底面是梯形的四棱柱，三视图画法是先画原体的三视图，再画切割体的三视图。

作图：

(1) 做原体的三视图，如图 2.15（b）所示。

(2) 做切割体的三视图，如图 2.15（c）所示。

(3) 检查并加深图形，如图 2.15（d）所示。

【项目训练】

1. 为了在一张图纸上同时反映三个投影图，将三投影面展开，展开时规定（　　）不动。

A. 投影面　　B. *H* 面　　C. *W* 面　　D. *V* 面

2. 某三角形平面与 *V* 面倾斜，该平面的 *V* 面投影为（　　）。

A. 平面的相似形　　B. 平面的类似形

C. 平面的实形　　D. 一直线

3. 在绘制三视图时，物体的宽度规定为（　　）。

A. *X* 轴方向的尺寸　　B. *Y* 轴方向的尺寸

C. *Z* 轴方向的尺寸　　D. 都不正确

4. 正视图和左视图的投影规律是（　　）。

A. 长对正　　B. 高平齐　　C. 宽相等　　D. 都不正确

5. 当平面在 *V* 面上的投影为一条直线时，则平面与 *H* 面的位置关系是（　　）。

项目训练-任务 2.3 答案

A. 平行　B. 倾斜　C. 垂直　D. 平行或倾斜

6. 俯视图反映的是物体的（　　）方位。

A. 左右上下　B. 前后上下　C. 左右前后　D. 前后上下

7. 左视图中，离正视图较近的一侧反应物体的方位是（　　）。

A. 左方　B. 右方　C. 前方　D. 后方

8. 当一个矩形平面在 V 面上的投影为一个缩小的矩形时，则矩形平面与 V 面的位置关系是（　　）。

A. 平行　B. 垂直　C. 倾斜　D. 以上都不是

9. 在左视图中，宽度尺寸是（　　）。

A. 竖直方向的尺寸　B. 水平方向的尺寸

C. 斜向方向尺寸　D. 以上都不对

10. 能反映物体宽度尺寸的视图有（　　）。

A. 正视图　B. 左视图　C. 俯视图　D. 右视图

11. 能反映物体前后方位的视图有（　　）。

A. 正视图　B. 左视图　C. 俯视图　D. 右视图

12. 在视图中，宽度尺寸是（　　）。

A. 俯视图竖直方向的尺寸　B. 左视图竖直方向的尺寸

C. 正视图水平方向的尺寸　D. 左视图水平方向的尺寸

13. 不能表示出物体左右和前后方位的投影图是（　　）。

A. 主视图　B. 后视图　C. 左视图　D. 仰视图

项目 3　计算机绘图基础知识

【知识目标】

1. 了解绘图环境设置
2. 熟悉图框的绘制
3. 熟悉常用绘图命令和编辑命令

【能力目标】

1. 能用制图标准绘制图框
2. 能根据绘图命令和编辑命令进行图形绘制

项目 3
课程导学

任务 3.1　绘 图 环 境 设 置

【任务目标】

1. 熟悉 AutoCAD 工作界面
2. 能设置绘图环境

绘图环境
及图框

3.1.1　设置 AutoCAD 工作界面。

（1）启动 AutoCAD。

（2）单击界面上方快速访问工具栏中“切换工作空间”列表按钮，打开“工作空间”列表选择“AutoCAD 经典”工作界面为当前工作界面；熟悉“AutoCAD 经典”工作界面的各项内容。

（3）在“AutoCAD 经典”工作界面基础上，用右键菜单方式弹出“标注”“对象捕捉”工具栏并移动它们至绘图区外的下方，弹出“文字”工具栏并移动它至绘图区外的左方，弹出“测量工具”工具栏并移动它至绘图区外的右方，然后从“工作空间”工具栏下拉列表中选择“将当前工作空间另存为”选项，将其另存为自己的二维绘图。

首先用“新建”命令新建一张图，再用“保存”命令以“环境设置练习”为图名保存，然后进行绘图环境的如下设置：

1）用“选项”对话框修改 4 项默认的系统配置。

a. 选择“显示”选项卡，设置绘图区背景色为白色；

b. 选择“打开和保存”选项卡，设置图形文件在 AutoCAD 2010 以上的版本中可以打开；

c. 选择“用户系统配置”选项卡，设置线宽随图层、滑块至左侧一格，按实际线宽显示；

d. 选择“用户系统配置”选项卡，设置右键单击“默认模式”为“重复上一个命令”。

2）图层设置（表3.1）。

表3.1　　图　层　设　置

线　型	颜　色	类　　型	粗　细
粗实线	红色1号	实线（CONTINUOUS）	0.6mm
虚线	浅蓝色4号	虚线（ACAD_ISO02W100）	0.3mm
点画线	洋红6号	点画线（ACAD_ISO04W100）	0.15mm
文字尺寸线	蓝色3号	实线（CONTINUOUS）	0.15mm
细实线	黑白0号	实线（CONTINUOUS）	0.15mm
剖面线	蓝色5号	实线（CONTINUOUS）	0.15mm

3.1.2　绘制A3图框和标题栏

（1）该图框按《技术制图 图线》（GB/T 17450—1998）规定的非装订格式，标题栏内格均是细实线，外廓为粗实线。

实际工程绘图中综合应用“直线”“矩形”“偏移”等多个命令绘制图框和标题栏。

（2）“工程图中的数字和字母”gbeitc.shx和“工程图中的汉字”仿宋GB2312。

（3）用“单行文字”命令，选择“中间”对正模式定位，填写标题栏中的文字。标题栏文字内容如图3.1所示。填写前应用“缩放”命令将标题栏部分放大显示。

要求：

图名：“×××”5号字。

单位：“××职业技术学院”5号字。制图：（绘图者姓名）3.5号字。校核：（校核者姓名）3.5号字。比例：（1∶1）→3.5号字。

同字高的各行文字可在一次命令中注写。

注意：绘图过程中应经常单击“保存”命令按钮以防因意外的退出或死机而丢失数据；绘图完成后，全屏显示；再单击一次“保存”命令按钮，保存图形文件。

【项目训练】

项目训练-任务3.1答案

一、选择题

1. 下列不能被删除的图层是（　　）。

A. 0层　　B. Defpoint

C. 外部参照依赖图层　　D. 以上都对

2. AutoCAD中，系统默认的文件自动保存间隔时间是（　　）。

A. 5min　　B. 10min　　C. 15min　　D. 20min

3. 系统预设的十字光标长度为屏幕大小的（　　）。

A. 5%　　B. 10%　　C. 15%　　D. 25%

4. AutoCAD2010的工具栏可以关闭，其开/关的快捷键是（　　）。

A. F3　　B. Ctrl+0　　C. Ctrl+Tab　　D. Ctrl+3

5. AutoCAD 2010默认保存的文件类型是（　　）。

A. AutoCAD 2007图形文件　　B. AutoCAD 2010图形文件

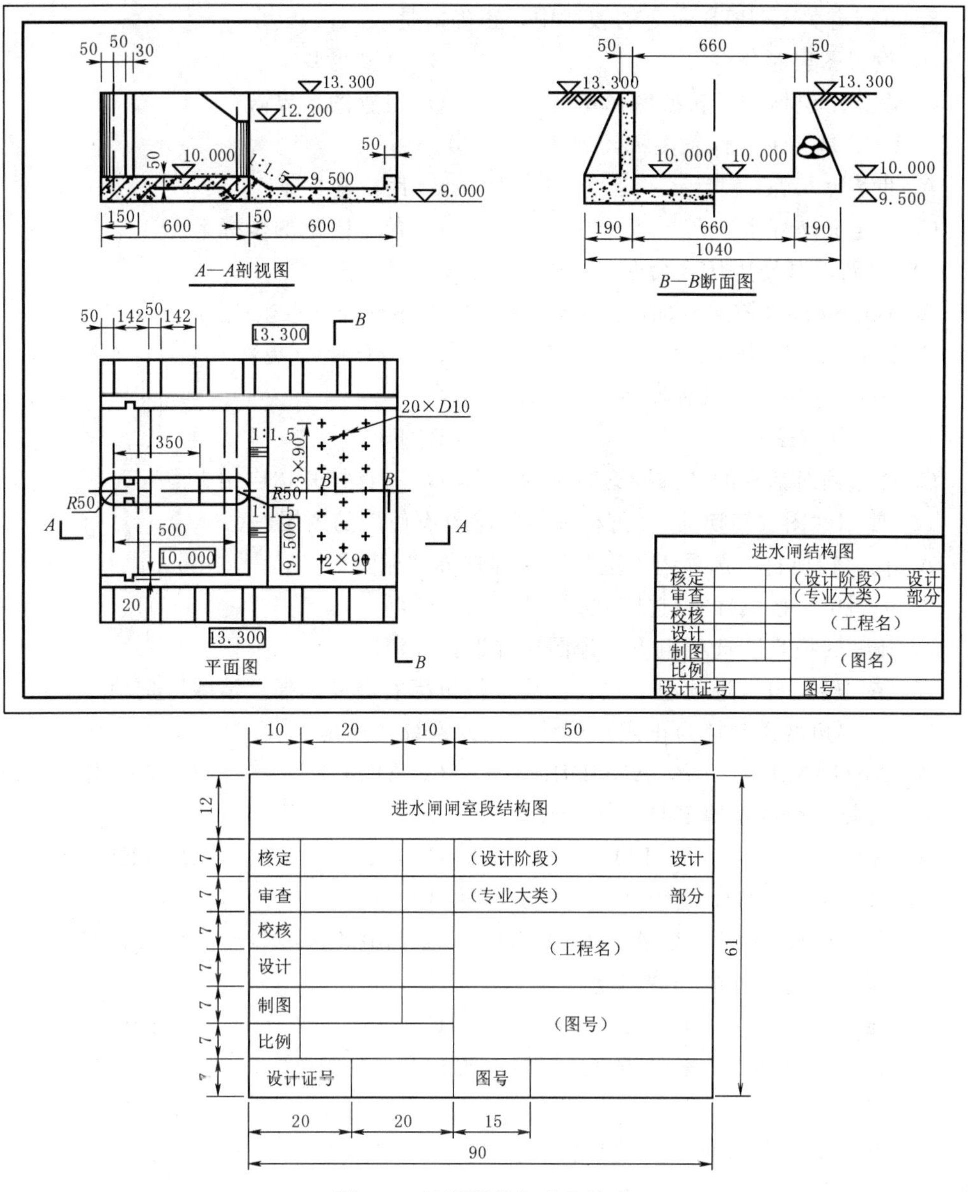

图3.1 标题栏的格式和尺寸

C. AutoCAD图形样板文件　　　　D. AutoCAD图形标准文件

6. 执行哪项命令，可打开“标注样式管理器”对话框，在其中可对标注样式进行设置。(　　)

A. DIMRADIUS　　　　B. DIMSTYLE

C. DIMDIAMETER　　　　D. DIMLINEAR

7. 在“创建图纸集”向导中，图纸集可以(　　)创建。

A. 从图纸集样例　　　　B. 从现有图形文件

C. 从图形样板文件　　　　D. A和B

8. 下列有关 UNITS 命令的叙述中，正确的是（　　）。

A. 设置图层颜色　　B. 设置线型

C. 设置单位格式，转换图形单位　　D. 设置图形界限

9. UCS 是一种坐标系图标，属于（　　）。

A. 世界坐标系　　B. 用户坐标系

C. 自定义坐标系　　D. 单一固定的坐标系

10. 更新屏幕使用什么命令（　　）。

A. Blipmode（控制点标记的显示）　　B. Regen（重生成）

C. Redraw（重画）　　D. Refresh（更新）

11. 如何打开或关闭对象夹点（　　）。

A. ENTGRIP 命令　　B. F3 键

C. 在选项对话框的"选择集"选项卡中　D. 一直打开"启用夹点"

12. 使用"图层转换器"，怎样才能清除没有使用的图层？（　　）。

A. 在"转换自"选项组下选择图层并选择"删除"

B. 选图层，按鼠标右键然后选择"剪切"选项

C. 在"转换自"选项组下选择图层并选择"清除"

D. 在"转换自"选项组下选择图层，按鼠标右键并选择"清除"选项

13. 设置角度逆时针为正或顺时针为正的系统变量是（　　）。

A. ANGBASE　　B. ANGDIR　　C. APBOX　　D. APERTURE

14. 面域命令的快捷键是（　　）。

A. AA　　B. BO　　C. REG　　D. REV

15. AutoCAD 2010 属于（　　）版本系列。

A. AutoCAD R17　B. AutoCAD R18　C. AutoCAD R19　D. AutoCAD R20

16. 图案填充文件的扩展名是（　　）。

A. bat　　B. dat　　C. mat　　D. pat

17. Auto CAD2010 索引颜色选项板中共有多少种颜色？（　　）

A. 254　　B. 255　　C. 256　　D. 257

18. 在 AutoCAD2010 中，要将左右两个视口改为左上、左下、右三个视口可选择（　　）命令。

A. "视图" | "视口" | "一个视口"　B. "视图" | "视口" | "三个视口"

C. "视图" | "视口" | "合并"　　D. "视图" | "视口" | "两个视口"

19. 在 AutoCAD 中，使用（　　）可以在打开的图形间来回切换，但是，在某些时间较长的操作（例如重生成图形）期间不能切换图形。

A. Ctrl+F9 键或 Ctrl+Shift 键　　B. Ctrl+F8 键或 Ctrl+Tab 键

C. Ctrl+F6 键或 Ctrl+Tab 键　　D. Ctrl+F7 键或 Ctrl+Lock

20. 不是 AutoCAD 默认打开的工具栏是（　　）。

A. "标准"工具栏　　B. "绘图"工具栏

C. "修改"工具栏　　D. "对象捕捉"工具栏

21. AutoCAD 工具选项板组的开/关的快捷键是（　　）。

A. Ctrl+1　　B. Ctrl+2　　C. Ctrl+3　　D. Ctrl+4

22. 如何使用 .BAK 文件恢复 AutoCAD 图形（　　）。

A. 使用 RECOVER 来进行修复

B. 更改 .BAK 扩展名为 .DWG

C. 导出文件为 DXF，然后再把 DXF 文件导入到一个新文件中

D. 以上说法均可以

23. 通过打印预览，可以看到（　　）。

A. 打印的图形的一部分

B. 图形的打印尺寸

C. 与图纸打印方式相关的打印图形

D. 在打印页的四周显示有标尺用于比较尺寸

24. 关于 AutoCAD 的空间，说法正确的是（　　）。

A. AutoCAD 有模型空间和图纸空间两种

B. 图纸空间也是三维图形环境

C. 在图纸空间中不可建立二维实体，它仅用于绘图输出

D. 图纸空间建立的二维实体也可在模型空间显示

25. AutoCAD 系统为我们提供了两个虚拟的计算机绘图设计空间是（　　）。

A. 模型空间和图纸空间　　B. 模型空间和绘图空间

C. 图纸空间和绘图空间　　D. 打印空间和图纸空间

26. 在 AutoCAD 2010 中，布局可以有几个？（　　）

A. 1　　B. 2　　C. 3　　D. 用户任意

27. 下列选项中，不能从设计中心直接调用的是（　　）。

A. 标注样式、文字样式、多线样式、表格样式

B. 标注样式、文字样式、图块、图层

C. 图块、图层、布局、线型

D. 布局、外部参照、表格样式、线型

28. “Ddptype”命令的作用是（　　）。

A. 设置或修改点的显示样式　　B. 设置点标记相对于屏幕的百分比

C. 设置点的实际尺寸　　D. 将当前点的样式进行存储

29. 新建文件可以从【创建新图形】对话框中选择（　　）创建。

A. 从草图开始　　B. 使用样板

C. 使用向导　　D. 都不可以

30. 以下可以打开图形文件的方法是（　　）。

A. 在 AutoCAD 中，使用 OPEN 命令

B. 鼠标左键双击图形文件名

C. 选择文件，利用鼠标右键菜单

D. “文件”下拉菜单→“打开”

31. 在不改变实体所在层属性的条件下，执行以下（　　）操作可以把已画或将要画的实体的颜色设为不同于所在层的颜色。

A. 调用 COLOR 命令改变欲画实体的颜色

B. 用 MODIFY/PROPERTIES 命令改变所绘实体的颜色

C. 将实体的颜色设为 BYLAYER

D. 在对象特性工具条中快速设置颜色

32. 以下有关 AutoCAD 中工具条（toolbar）及其图标的叙述正确的是（　　）。

A. 任何一个工具条都可按用户的意志使之显示或隐藏

B. 任何工具条上的图标都可按用户的意志增加或减少

C. 工具条可包含子工具条

D. 工具条是不可删除的

33. 在设置绘图单位时，系统提供了长度单位的类型除了小数外，还有（　　）。

A. 分数　　B. 建筑　　C. 工程　　D. 科学

34. 关于 AutoCAD 的打印图形，下面说法正确的是（　　）。

A. 可以打印图形的一部分

B. 可以根据不同的要求用不同的比例打印图形

C. 可以先输出一个打印文件，把文件放到别的计算机上打印

D. 没有安装 AutoCAD 软件的计算机不能打印图形

35. 下列有关布局的叙述正确的有（　　）。

A. 默认布局有两个　　B. 用户可以创建多个布局

C. 布局可以被移动和删除　　D. 布局可以被复制和改名

36. 在模型空间和图纸空间之间切换的方法正确的是（　　）。

A. 单击工作环境左下角的“布局 X”选项卡切换到图纸空间

B. 在命令行中输入 Mspace 将工作环境转换为图纸空间

C. 当系统变量 Tilemode 的值为 0 时，工作环境为图纸空间

D. 单击状态栏中的“模型”按钮，将工作环境切换为图纸空间

37. AutoCAD 2010 允许在以下（　　）模式下打印图形。

A. 模型空间　　B. 图纸空间　　C. 布局　　D. 三维空间

38. 关于模型空间和图纸空间，以下哪个说法是正确的（　　）。

A. 模型空间是一个三维环境，在模型空间中可以绘制、编辑二维或三维图形，可以全方位地显示图形对象。

B. 图纸空间是一个二维环境，模型空间中的三维对象在图纸空间中是用二维平面上的投影来表示的。

C. 图形对象可以在模型空间中绘制，也可以在图纸空间中绘制。

D. 视口只能使用于图纸空间，不能使用于模型空间。

39. 对于模型空间和布局说法正确的是（　　）。

A. 在一个图形中可以有多个模型空间

B. 在一个图形中只能有一个模型空间

C. 在一个图形中可以有多个图纸空间

D. 在一个图形中只能有一个布局

40. AutoCAD 的空间分为（　　）。

A. 模型空间　　B. 图纸空间　　C. 布局 1　　D. 布局 2

二、判断题

1. AutoCAD 中，打开/关闭设计中心窗口的快捷键是 Ctrl＋2。（　　）

2. 打开/关闭捕捉的功能键是 F9。（　　）

3. AutoCAD 中，控制打开或关闭全屏显示的快捷键是 Ctrl＋1。（　　）

4. 动态输入的开关控制功能键是 F12。（　　）

5. AutoCAD 系统默认的角度方向为逆时针方向。（　　）

6. AutoCAD 2010 有动态输入的功能。（　　）

7. 在运行对象捕捉模式下，仅可以设置一种对象捕捉模式。（　　）

8. 布局选项卡提供了一个称为图纸空间的区域。（　　）

【技能训练】

指导：

先用“新建”命令；

新建一个图形文件，再单击“保存”命令按钮保存图形文件，图名为“图线练习”然后进行绘图环境的 7 项基本设置（A3）；

注意：A3　图幅的全局线型比例可设为“0.36”。

图框

任务 3.2　二 维 基 本 命 令

【任务目标】

1. 了解二维基本命令

2. 能利用二维基本命令绘制简单图形

绘无穷长直线

3.2.1　画无穷长直线

用“构造线”（XLINE）命令可绘制无穷长直线，无穷长直线在绘制工程图中常用来当图架线，该命令可按指定的方式和距离画一条或一组无穷长直线。

1. 输入命令

- 从工具栏单击：“构造线”图标按钮
- 下拉菜单选取：“绘图” ⇨ “构造线”
- 键盘键入：XL

2. 命令的操作

(1) 指定两点画线（默认项）。

该选项可画一条或一组穿过起点和各通过点的无穷长直线。其操作如下：

命令：(输入命令)

指定点或［水平（H）/垂直（V）/角度（A）/二等分（B）/偏移（O）］：（给起点）

指定通过点：（给通过点画出一条线）

指定通过点：（给通过点再画一条线或按【Enter】键结束该命令）

命令：

（2）画水平线。

“水平（H）”选项可画一条或一组穿过指定点并平行于X轴的无穷长直线。其操作如下：

命令：（输入命令）

指定点或［水平（H）/垂直（V）/角度（A）/二等分（B）/偏移（O）］：H↙（可从右键菜单中选择该选项）

指定通过点：（给通过点画出一条水平线）

指定通过点：（给通过点再画一条水平线或按【Enter】键结束该命令）

命令：

（3）画垂直线。

“垂直（V）”选项可画一条或一组穿过指定点并平行于Y轴的无穷长直线。其操作如下：

命令：（输入命令）

指定点或［水平（H）/垂直（V）/角度（A）/二等分（B）/偏移（O）］：V↙（可从右键菜单中选择该选项）

指定通过点：（给通过点画出一条铅垂线）

指定通过点：（给通过点再画一条铅垂线或按【Enter】键结束该命令）

命令：

（4）指定角度画线。

“角度（A）”选项可画一条或一组指定角度的无穷长直线。其操作如下：

命令：（输入命令）

指定点或［水平（H）/垂直（V）/角度（A）/二等分（B）/偏移（O）］：A↙（可从右键菜单中选择该选项）

输入构造线的角度（0）或［参照（R）］：（输入所绘线的倾斜角度）

指定通过点：（给通过点画出一条指定角度的斜线）

指定通过点：（给通过点再画一条指定角度的斜线或按【Enter】键结束该命令）

命令：

说明：若在“输入构造线的角度（0）或［参照（R）］：”提示行选“参照（R）”选项，可方便地绘制任意直线的垂线或其他夹角的直线。其操作如下：

在提示行选“参照（R）”后，出现提示行：

选择直线对象：（选择一条任意角度的直线）

输入构造线的角度<0>：90↙（也可输入其他所需的角度）

指定通过点：［给通过点画出一条与所选直线垂直（或其他夹角）的无穷长直线］

指定通过点：(给通过点再画一条或按【Enter】键结束该命令)

命令：

(5) 指定三点画角平分线。

“二等分 (B) ”选项可通过给三点画一条或一组无穷长直线，该直线穿过第“1”点并平分由第“1”点为顶点与第“2”点和第“3”点组成的夹角，如图3.2所示。

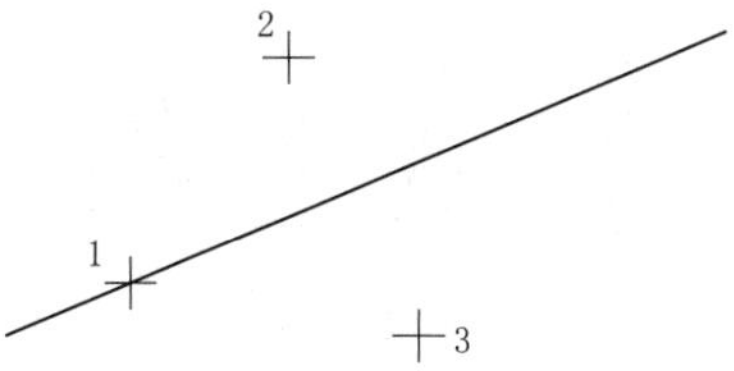

图3.2 “二等分”选项画无穷长直线示例

其操作如下：

命令：(输入命令)

指定点或［水平 (H)/垂直 (V)/角度 (A)/二等分 (B)/偏移 (O)］：B↙ (可从右键菜单中选择该选项)

指定角的顶点：(给第“1”点)

指定角的起点：(给第“2”点)

指定角的端点：(给第“3”点)

指定角的端点：(给点再画一条与1和2点组成的角平分线或按【Enter】键结束该命令)

命令：

(6) 画所选直线的平行线。

“偏移 (O) ”选项可选择一条任意方向的直线来画一条或一组与所选直线平行的无穷长直线。其操作如下：

命令：(输入命令)

指定点或［水平 (H)/垂直 (V)/角度 (A)/二等分 (B)/偏移 (O)］：O↙ (可从右键菜单中选择该选项)

指定偏移距离或［通过 (T)］＜20＞：(给偏移距离)

选择直线对象：(选择一条无穷长直线或直线)

指定向哪侧偏移：(在要画线的一侧用鼠标给任意一点，在该侧画出一条与所选直线为指定距离的平行线)

选择直线对象：(可同上操作再画一条线，也可按【Enter】键结束该命令)

命令：

说明：若在“指定偏移距离或［通过 (T)］＜20＞：”提示行选“T”，选项后，出现提示行：

选择直线对象：(选择一条无穷长直线或直线)

指定通过点：(给通过点)

选择直线对象：(可同上操作再画一条线，也可按【Enter】键结束该命令)

命令：

3.2.2 画正多边形

绘制正多边形

用“正多边形” (POLYGON) 命令可按指定方式画3～1024条边的正多边形。AutoCAD提供了3种画正多边形的方式，即边长方式 (E)、内接于圆方式 (I) 和外切于圆方式（C），如图 3.3 所示。

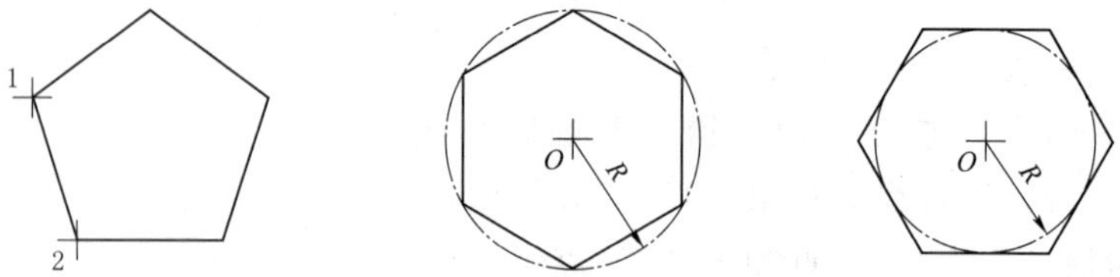

（a）边长方式　　（b）内接于圆方式　　（c）外切于圆方式

图 3.3　“正多边形”命令画正多边形的 3 种方式

1. 输入命令

- 从工具栏中单击：“正多边形”图标按钮
- 从下拉菜单选取：“绘图”⇨“正多边形”
- 从键盘键入：POLYGON 或 POL

2. 命令的操作

（1）边长方式。

命令：（输入命令）

输入边的数目＜3＞：5↙——给边数

指定正多边形的中心点或［边（E）］：E↙（可从右键菜单中选择“边长”选项）

指定边的第一个端点：（给边上第“1”端点）

指定边的第二个端点：（给边上第“2”端点）

命令：

效果如图 3.3（a）所示。

（2）内接于圆方式。

命令：（输入命令）

输入边的数目＜3＞：6↙——给边数

指定正多边形的中心点或［边（E）］：（给多边形中心点“*O*”）

输入选项［内接于圆（I）/外切于圆（C）］＜I＞：↙——即选默认的“内接于圆（I）”选项

指定圆的半径：（给圆半径值）

命令：

效果如图 3.3（b）所示。

（3）外切于圆方式。

命令：（输入命令）

输入边的数目＜3＞：6↙——给边数

指定正多边形的中心点或［边（E）］：（给多边形中心点“*O*”）

输入选项［内接于圆（I）/外切于圆（C）］＜I＞：C↙［可从右键菜单中选择“外切于圆（C）”选项］

指定圆的半径：（给圆半径值）

命令：

效果如图 3.3（c）所示。

说明：

1）用“I”和“C”方式画多边形时圆并不画出，当提示“指定圆的半径”时，只有用光标拖动指定，才能够控制多边形的方向。

2）用边长方式画正多边形时，按逆时针方向画出。

3.2.3　画矩形

绘制矩形

用“矩形”（RECTANG）命令可画矩形，还可以画四角是斜角或者是圆角的矩形。

1. 输入命令

- 从工具栏中单击：“矩形”图标按钮
- 从下拉菜单选取：“绘图”⇨“矩形”
- 从键盘键入：RECTANG 或 REC

2. 命令的操作

（1）画矩形。

AutoCAD 提供了 3 种给矩形尺寸的方式：给两对角点（默认方式）、给长度和宽度尺寸、给面积和一个边长。无论按哪种方式给尺寸，AutoCAD 都将按当前线宽绘制一个矩形。

其操作如下：

命令：（输入命令）

指定第一个角点或［倒角（C）/标高（E）/圆角（F）/厚度（T）/宽度（W）］：（给第“1”点）

指定另一个角点［面积（A）/尺寸（D）/旋转（R）］：（给第“2”点或选项按提示条件画矩形）

1）若在“指定另一个角点或［面积（A）/尺寸（D）/旋转（R）］：”提示行直接给第 2 点，AutoCAD 将按所给两对角点及当前线宽绘制一个矩形，如图 3.4（a）所示。

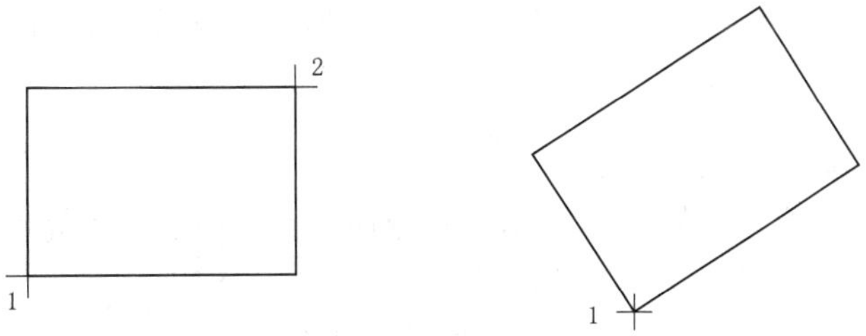

（a）默认方式　　　　（b）斜矩形

图 3.4　画矩形示例

2）若在“指定另一个角点或［面积（A）/尺寸（D）/旋转（R）］：”提示行选择“D”选项，AutoCAD 将依次要求输入矩形的长度和宽度，按提示操作，将按所给尺寸及当前线宽绘制一个矩形。

3）若在“指定另一个角点或［面积（A）/尺寸（D）/旋转（R）］:”提示行选择“A”选项，AutoCAD将依次要求输入矩形的面积和一个边的尺寸，按提示操作，将按所给尺寸及当前线宽绘制一个矩形。

4）若在“指定另一个角点或［面积（A）/尺寸（D）/旋转（R）］:”提示行选择“R”选项，AutoCAD将依次要求输入矩形的旋转角度和矩形尺寸，按提示依次操作，将按所指定的倾斜角度和矩形尺寸绘制一个倾斜的矩形，如图3.4（b）所示。

（2）画有斜角的矩形。

该方式将按指定的倒角距离，画出一个四角有相同斜角的矩形，如图3.5所示。

其操作如下：

命令：（输入命令）

指定第一个角点或［倒角（C）/标高（E）/圆角（F）/厚度（T）/宽度（W）］：C↙［可从右键菜单中选择“倒角（C）”选项］

指定矩形的第一个倒角距离＜0.00＞：（给第一倒角距离）

指定矩形的第二个倒角距离＜0.00＞：（给第二倒角距离）

指定第一个角点或［倒角（C）/标高（E）/圆角（F）/厚度（T）/宽度（W）］：（给矩形第“1”对角点）

指定另一个角点［面积（A）/尺寸（D）/旋转（R）］：（给矩形第“2”对角点或选项画矩形）

命令：

（3）画有圆角的矩形。

该方式将按指定的圆角半径，画出一个四角有相同圆角的矩形，如图3.6所示。

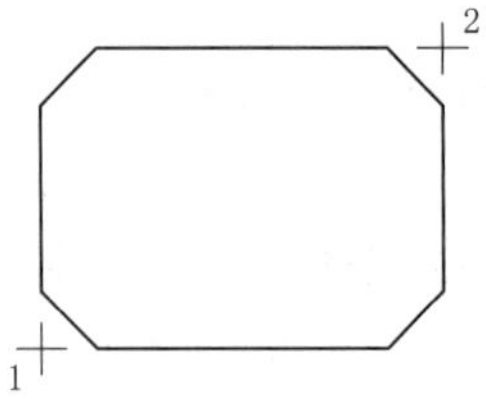

图3.5　画有斜角的矩形示例

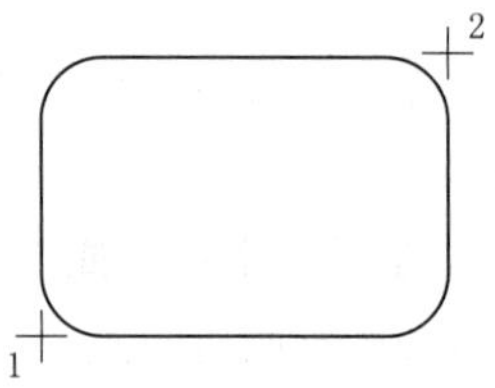

图3.6　画带圆角的矩形示例

其操作如下：

命令：（输入命令）

指定第一个角点或［倒角（C）/标高（E）/圆角（F）/厚度（T）/宽度（W）］：F↙［可从右键菜单中选择“圆角（F）”选项］

指定矩形的圆角半径＜0.00＞：（给圆角半径）

指定第一个角点或［倒角（C）/标高（E）/圆角（F）/厚度（T）/宽度（W）］：（给矩形第“1”对角点）

指定另一个角点［面积（A）/尺寸（D）/旋转（R）］：（给矩形第“2”对角点或选项画矩形）

1）若在“指定第一个角点或［倒角（C）/标高（E）/圆角（F）/厚度（T）/宽

度（W）]：”提示行选择“宽度（W）”选项，AutoCAD将可重新指定线宽画出一个矩形。该提示行中的“标高（E）”选项用于设置3D矩形离地平面的高度，“厚度（T）”选项用于设置矩形的3D厚度。

2）在操作该命令时所设选项内容将作为当前设置，即下一次使用该命令时AutoCAD将按上次所用的选项内容提示，直至重新设置。

3.2.4 画圆

用“圆”（CIRCLE）命令可按指定的方式画圆，AutoCAD提供了5种画圆方式：

绘制圆

（1）指定圆心、半径（CEN、R）画圆——默认画圆方式。

（2）指定圆心、直径（CEN、D）画圆。

（3）指定圆上两点（2P）画圆。

（4）指定圆上三点（3P）画圆。

（5）选两个相切目标并给半径（TTR）画公切圆。

说明：在下拉菜单中多一种“选三个相切目标（TTT）画公切圆”方式。

1. 输入命令

- 从工具栏单击：“圆”图标按钮
- 从下拉菜单选取：“绘图”⇨“圆”⇨从子菜单中选一种画圆方式
- 从键盘键入：C

2. 命令的操作

用默认方式画圆，从工具栏输入命令，按提示操作；用非默认项画圆，在命令中用右键菜单选取画圆方式和操作项非常简捷灵活，是常用的方法。

用非默认项画圆，也可从下拉菜单的子菜单中直接选取画圆方式，AutoCAD会按所选方式出现提示，依次给出应答即可。

（1）指定圆心、半径画圆（默认项）。

命令：（从工具栏输入命令）

指定圆的圆心或［三点（3P）/两点（2P）/相切、相切、半径（T）］：（给圆心）

指定圆的半径或［直径（D）］<30>：（给半径值或拖动）

命令：

（2）三点方式画圆。

命令：（从工具栏输入命令，然后在绘图区单击鼠标右键，从弹出的右键菜单中选择“三点”；或直接从下拉菜单选取：“绘图”⇨“圆”⇨“三点”）

指定圆上的第一点：（给第“1”点）

指定圆上的第二点：（给第“2”点）

指定圆上的第三点：（给第“3”点）

命令：

效果如图3.7所示。

（3）两点方式画圆。

命令：（从工具栏输入命令，然后在绘图区单击鼠标右键，从弹出的右键菜单中

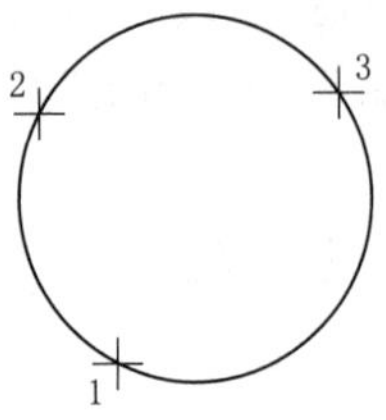

图 3.7　用三点方式画圆

选择“两点”；或直接从下拉菜单选取：“绘图”⇨“圆”⇨“两点”）

指定圆直径的第一端点：（给第“1”点）

指定圆直径的第二端点：（给第“2”点）

命令：

（4）指定圆心、直径画圆。

命令：（从工具栏输入命令；或直接从下拉菜单中选取：“绘图”⇨“圆”⇨“圆心、直径”）

指定圆的圆心或［三点（3P）/两点（2P）/相切、相切、半径（T）］：（给圆心；若是从工具栏输入的命令，给圆心后应在绘图区单击鼠标右键，从弹出的右键菜单中选择“直径”）

指定圆的直径＜85＞：（给直径值并按【Enter】键）

命令：

（5）切、切、半径方式画圆。

命令：（从工具栏输入命令，然后在绘图区单击鼠标右键，从弹出的右键菜单中选择“相切、相切、半径”；或直接从下拉菜单中选取：“绘图”⇨“圆”⇨“相切、相切、半径”）

指定对象与圆的第一个切点：（选择第一个相切实体）

指定对象与圆的第二个切点：（选择第二个相切实体）

指定圆的半径＜100＞：（给公切圆半径并按【Enter】键）

命令：

效果如图 3.8 所示。

（6）切、切、切方式画圆。

命令：（直接从下拉菜单中选取：“绘图”⇨“圆”⇨“相切、相切、相切”）

指定圆上的第一个点 tan 到：（选择第一个相切实体）

指定圆上的第二个点 tan 到：（选择第二个相切实体）

指定圆上的第三个点 tan 到：（选择第三个相切实体）

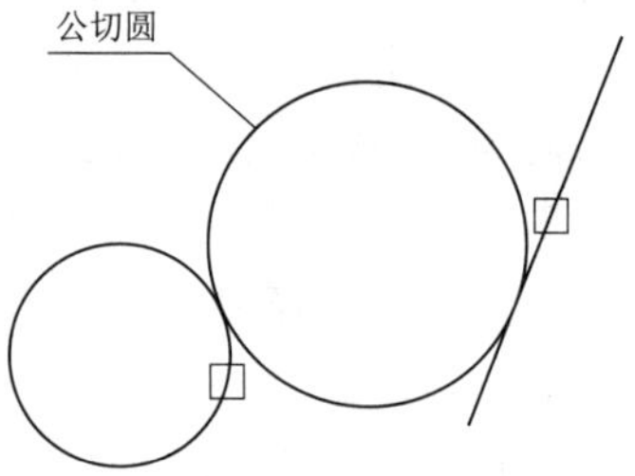

图 3.8　用切、切、半径方式画圆

命令：

这种方式是画出与 3 个实体相切的圆。

说明：

（1）以上所述只是常用的操作方法，画圆时还可以通过键盘输入命令及选项完成画圆操作。

（2）用切、切、半径方式画公切圆，选择相切目标时，选目标的小方框要落在圆实体上并靠近切点，切圆半径应大于两切点距离的 1/2。

3.2.5　画圆弧

用“圆弧”（ARC）命令可按指定方式画圆弧。AutoCAD 提供了 11 个选项来画圆弧：

绘制圆弧

(1) 三点（P）。

(2) 起点、圆心、端点（S）。

(3) 起点、圆心、角度（T）。

(4) 起点、圆心、长度（A）。

(5) 起点、端点、角度（N）。

(6) 起点、端点、方向（D）。

(7) 起点、端点、半径（R）。

(8) 圆心、起点、端点（C）。

(9) 圆心、起点、角度（E）。

(10) 圆心、起点、长度（L）。

(11) 连续（O）。

上述选项，8、9、10 与 2、3、4 中条件相同，只是操作命令时提示顺序不同，AutoCAD 实际提供的是 8 种画圆弧方式。

1. 输入命令

- 从工具栏中单击：“圆弧”图标按钮
- 从下拉菜单选取：“绘图”⇨“圆弧”
- 从键盘键入：A

2. 命令的操作

(1) 三点方式（默认项）。

命令：(从工具栏输入命令)

指定圆弧的起点或［圆心（C）］：(给第“1”点)

指定圆弧的第二点或［圆心（C)/端点（E）］：(给第“2”点)

指定圆弧的端点：(给第“3”点)

命令：

效果如图 3.9 所示。

用其他方式画圆弧，从下拉菜单输入命令或用右键菜单逐一选项都可以。若从下拉菜单输入命令，选取子菜单中画圆弧方式后，AutoCAD 将按所取方式依次提示，给足三个条件即可绘制出一段圆弧。下面以从下拉菜单输入命令画圆弧的方法来介绍。

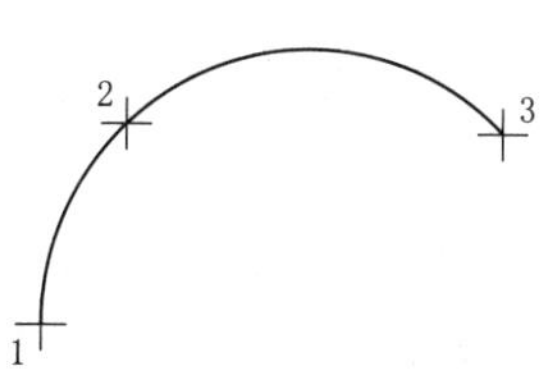

图 3.9　用三点方式画圆弧示例

(2) 起点、圆心、端点方式。

命令：(从下拉菜单选取：“绘图”⇨“圆弧”⇨“起点、圆心、端点”)

指定圆弧的起点或［圆心（C)］：(给起点“S”)

指定圆弧的第二个点或［圆心（C）/端点（E）］：_ c 指定圆弧的圆心：（给圆心“*O*”）

指定圆弧的端点或［角度（A）/弦长（L）］：（给终点“*E*”）

命令：

所画圆弧以“*S*”点为圆弧起点，“*O*”点为圆心，逆时针画弧，圆弧的终点落在圆心及终点“*E*”的连线上，效果如图 3.10 所示。

（3）起点、圆心、角度方式。

命令：（从下拉菜单选取：“绘图”⇨“圆弧”⇨“起点、圆心、角度”）

指定圆弧的起点或［圆心（C）］：（给起点“*S*”）

指定圆弧的第二个点或［圆心（C）/端点（E）］：_ c 指定圆弧的圆心：（给圆心“*O*”）

指定圆弧的端点或［角度（A）/弦长（L）］：_ a 指定包含角：180↙——给角度

命令：

所画圆弧以“*S*”点为起点，“*O*”点为圆心（*OS* 为半径），按所给弧的包含角度为“180”度画圆弧，角度为正，从起点逆时针画圆弧，效果如图 3.11 所示。

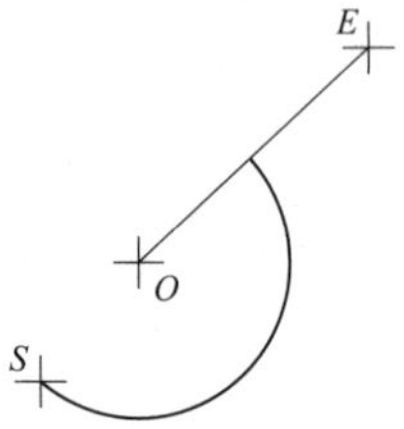

图 3.10　用起点、圆心、端点方式画圆弧示例

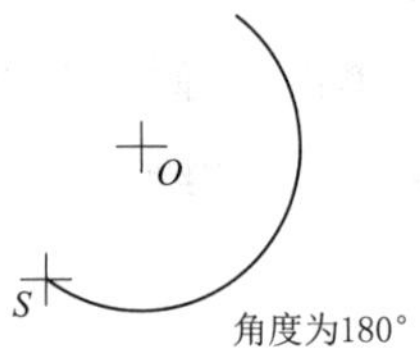

图 3.11　用起点、圆心、角度方式画圆弧示例

（4）起点、圆心、长度方式。

命令：（从下拉菜单选取：“绘图”⇨“圆弧”⇨“起点、圆心、长度”）

指定圆弧的起点或［圆心（C）］：（给起点“*S*”）

指定圆弧的第二点或［圆心（C）/端点（E）］：_ c 指定圆弧的圆心：（给圆心“*O*”）

指定圆弧的端点或［角度（A）/弦长（L）］：_ l 指定弦长：100↙——给弦长

命令：

用这种方式画圆弧，都是从起点开始逆时针方向画圆弧。弦长为正值，画小于半圆的圆弧，效果如图 3.12（a）所示（图中弦长为“100”）；弦长为负值，画大于半圆的圆弧，效果如图 3.12（b）所示（图中弦长为“－100”）。

（5）起点、端点、角度方式。

命令：（从下拉菜单选取：“绘图”⇨“圆弧”⇨“起点、端点、角度”）

指定圆弧的起点或［圆心（C）］：（给起点“*S*”）

指定圆弧的第二点或［圆心（C）/端点（E）］：_ e 指定圆弧的端点：（给终点

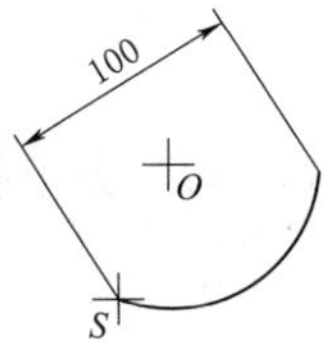

(a) 弦长为正值画小半圆弧

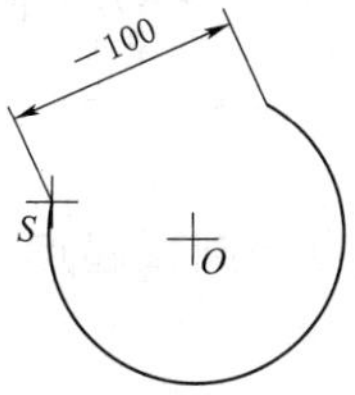

(b) 弦长为负值画大半圆弧

图 3.12 用起点、圆心、长度方式画圆弧示例

"E")

指定圆弧的圆心或[角度(A)/方向(D)/半径(R)]：_a 指定包含角：−120↙——给角度

命令：

所画圆弧以"S"点为圆弧起点，"E"点为终点，圆弧的包含角度为"−120"度，效果如图 3.13 所示。

(6) 起点、端点、方向方式。

命令：(从下拉菜单选取："绘图"⇨"圆弧"⇨"起点、端点、方向")

指定圆弧的起点或[圆心(C)]：(给起点"S")

指定圆弧的第二个点或[圆心(C)/端点(E)]：_e 指定圆弧的端点：(给终点"E")

指定圆弧的圆心或[角度(A)/方向(D)/半径(R)]：_d 指定圆弧的起点切向：(给方向点)

命令：

所画圆弧以"S"点为圆弧起点，"E"点为终点，所给方向点与弧起点的连线是该圆弧的开始方向，效果如图 3.14 所示。

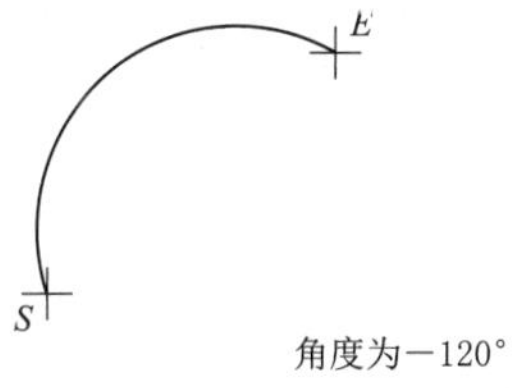

图 3.13 用起点、端点、角度方式画圆弧示例

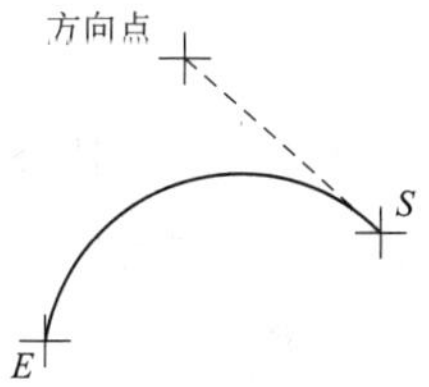

图 3.14 用起点、端点、方向方式画圆弧示例

(7) 起点、端点、半径方式。

命令：(从下拉菜单选取："绘图"⇨"圆弧"⇨"起点、端点、半径")

指定圆弧的起点或[圆心(C)]：(给起点"S")

指定圆弧的第二个点或[圆心(C)/端点(E)]：_e 指定圆弧的端点：(给终点"E")

指定圆弧的圆心或［角度（A）/方向（D）/半径（R）］：_ r 指定圆弧的半径：80↙——给半径

命令：

所画圆弧以“S”点为圆弧起点，“E”点为终点，“80”为半径，效果如图 3.15 所示。

（8）用“连续”方式画圆弧。

如图 3.16 所示，这种方式用最后一次画的圆弧或直线（如图 3.15 中虚线）的终点为起点，再按提示给出圆弧的终点，所画圆弧将与上段线相切。

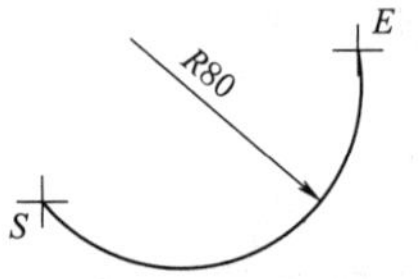

图 3.15　用起点、端点、半径方式画圆弧示例

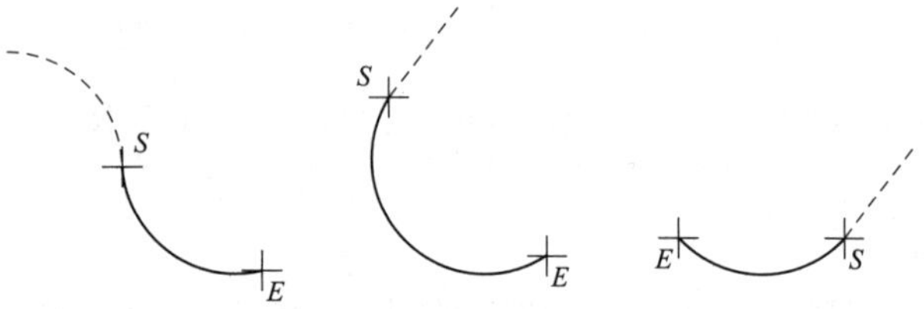

图 3.16　用连续方式画圆弧示例

3.2.6　画多段线

绘制多段线

用“多段线”（PLINE）命令可画等宽或不等宽的有宽线，该命令不仅可以画直线，还可以画圆弧，画直线与圆弧、圆弧与圆弧的组合线，如图 3.17 所示。在执行同一次“多段线”命令中所画各线段是一个实体。

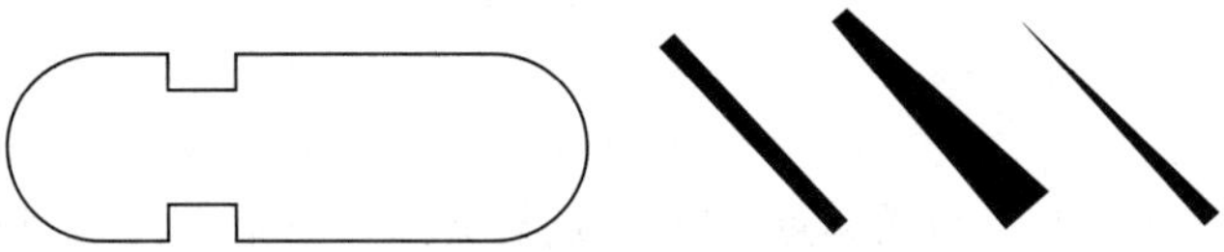

图 3.17　用“多段线”命令画线示例

1. 输入命令

- 从工具栏中单击：“多段线”图标按钮
- 从下拉菜单选取：“绘图”⇨“多段线”
- 从键盘键入：PL

2. 命令的操作

命令：（PL）

指定起点：（给起点）

当前线宽为 0.00　　（信息行）

指定下一点或［圆弧（A）/半宽（H）/长度（L）/放弃（U）/宽度（W）］：

指定下一点或［圆弧（A）/闭合（C）/半宽（H）/长度（L）/放弃（U）/宽度（W）/］：

注：上行称为直线方式提示行。

（1）直线方式提示行各选项的含义。

“指定下一点”：是默认项。所给点是直线的另一端点，给点后仍出现直线方式提示行，可继续给点画直线或按【Enter】键结束命令（与“直线”命令操作类同，并按当前线宽画直线）。

选“闭合（C）”：同“直线”命令的同类选项，使终点与起点相连并结束命令（该选项从指定第3点的提示行中显示）。

选“宽度（W）”：可改变当前线宽。

输入选项后，出现提示行：

指定起始线宽<0.00>：（给起始线宽）

指定终点线宽<1.00>：（给终点线宽）

给线宽后仍出现直线方式提示行。

如起始线宽与终点线宽相同，画等宽线；如起始线宽与终点线宽不同，所画第一条线为不等宽线，后续线段将按终点线宽画等宽线。

选“半宽（H）”：按线宽的一半指定当前线宽（同“W”操作）。

选“长度（L）”：可输入一个长度值，按指定长度延长上一条直线。

选“放弃（U）”：在命令中擦去最后画出的那条线。

选“圆弧（A）”：使PLINE命令转入画圆弧方式。

选项后，出现圆弧方式提示行：

[角度（A）/圆心（CE）/闭合（CL）/方向（D）/半宽（H）/直线（L）/半径（R）/第二点（S）/放弃（U）/宽度（W）]：（给点或选项）

（2）圆弧方式提示行各选项的含义。

直接给点：所给点是圆弧的终点。其相当于ARC命令中“连续”选项。

选“角度（A）”：可输入所画圆弧的包含角。

选“圆心（CE）”：可指定所画圆弧的圆心。

选“方向（D）”：可指定所画圆弧起点的切线方向。

选“半径（R）”：可指定所画圆弧的半径。

选“第二点（S）”：可指定按三点方式画弧的第2点。

选“直线（L）”：返回画直线方式，出现直线方式提示行。

其他“半宽（H）”、“宽度（W）”、“放弃（U）”选项与直线方式中的同类选项相同。

说明：用“多段线”命令画圆弧与“圆弧”命令画圆弧思路相同，可根据需要从提示中逐一选项，给足3个条件（包括起始点）即可画出一段圆弧。

3.2.7 画椭圆

用“椭圆”（ELLIPSE）命令可按指定方式画椭圆并可取其一部分。AutoCAD提供了3种画椭圆的方式，即轴端点方式、椭圆心方式和旋转角方式。

绘制椭圆

1. 输入命令

- 从工具栏中单击：“椭圆”图标按钮
- 从下拉菜单选取：“绘图”⇨“椭圆”

• 从键盘键入：ELLIPSE

2. 命令的操作

(1) 轴端点方式（默认项）。

该方式用指定椭圆与轴的三个交点（即轴端点）画一个椭圆。其操作如下：

命令：(输入命令)

指定椭圆的轴端点或［圆弧（A)/中心点（C）］：(给第“1”点)

指定轴的另一个端点：(给该轴上第“2”点)

指定另一条半轴长度或［旋转（R）］：(给第“3”点定另一半轴长)

命令：

效果如图3.18所示。

(2) 椭圆心方式。

该方式用指定椭圆心和椭圆与两轴的各一个交点（即两半轴长）画一个椭圆。其操作如下：

命令：(输入命令)

指定椭圆的轴端点或［圆弧（A)/中心点（C)］：C↙——选椭圆心方式

指定椭圆的中心点：(给椭圆圆心“*O*”)

指定轴的端点：(给轴端点“1”或其半轴长)

指定另一条半轴长度或［旋转（R）］：(给轴端点“2”或其半轴长)

命令：

效果如图3.19所示。

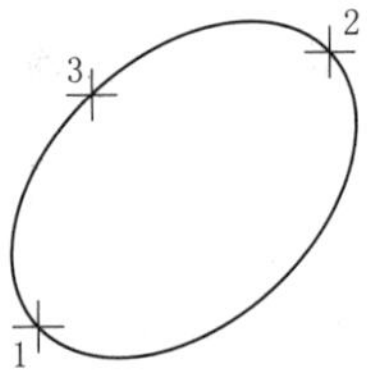

图3.18　用轴端点方式画椭圆示例

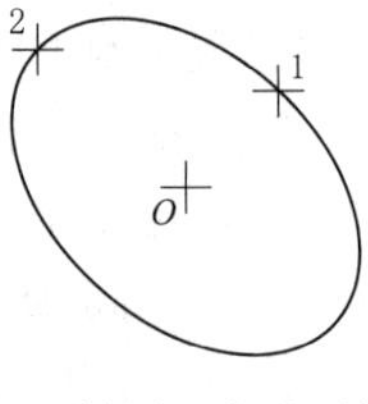

图3.19　用椭圆心方式画椭圆示例

(3) 旋转角方式（“R”选项)。

该方式是先指定椭圆一个轴的两个端点，然后再指定一个旋转角度来画椭圆。在绕长轴旋转一个圆时，旋转的角度就定义了椭圆长轴与短轴的比例。旋转角度值越大，长轴与短轴的比值越大。如果旋转角度为“0”，则AutoCAD只画一个圆。其操作如下：

命令：(输入命令)

指定椭圆的轴端点或［圆弧（A)/中心点（C)］：(给第“1”点)

指定轴的另一个端点：(给该轴上第“2”点)

指定另一条半轴长度或［旋转（R)］：R↙——选旋转角方式

指定绕长轴旋转：(给旋转角)

命令：

效果如图 3.20 所示。

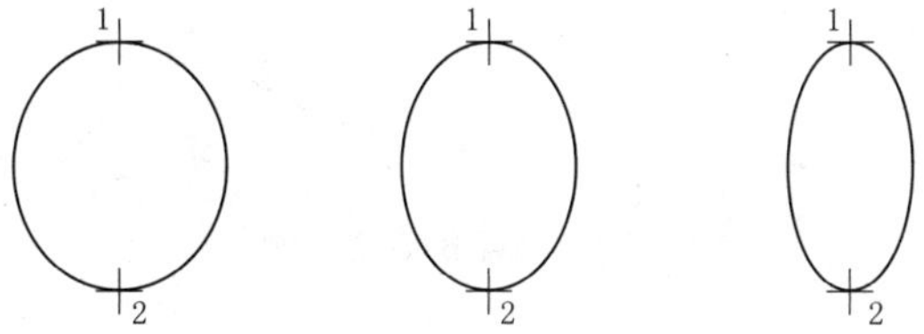

（a）旋转角为30°　（b）旋转角为45°　（c）旋转角为60°

图 3.20　用旋转角方式画椭圆示例

（4）画椭圆弧。

以默认方式画椭圆为例，其操作过程如下：

命令：（输入命令——从工具栏中单击“椭圆弧”图标按钮）

指定椭圆弧的轴端点或［中心点（C）］：（给第“1”点）

指定轴的另一个端点：（给该轴上第“2”点）

指定另一条半轴长度或［旋转（R）］：（给第“3”点定另一半轴长）

指定起始角度或［参数（P）］：（给切断起始点“A”或给起始角度）

指定终止角度或［参数（P）/包含角度（I）］：（给切断终点“*B*”或终止角度）

命令：

效果如图 3.21 所示。

说明：若在上一提示行中选“包含角度（I）”，可指定保留椭圆段的包含角；若在上一提示行中选“参数（P）”，可按矢量方程式输入起始角度。

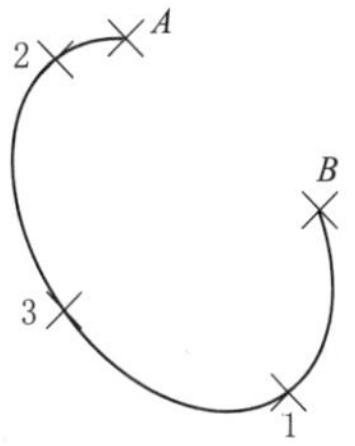

图 3.21　用圆弧选项画部分椭圆示例

3.2.8　画样条曲线

绘制样条曲线

用“样条曲线”（SPLINE）命令可绘制通过或接近所给一系列点的光滑曲线。

1. 输入命令

- 工具栏中单击：“样条曲线”图标按钮
- 下拉菜单选取：“绘图”⇨“样条曲线”
- 键盘键入：SPL

2. 命令的操作

图 3.22 所示曲线的操作过程如下：

命令：（输入命令）

指定第一个点或［对象（O）］：（给第“1”点）

指定下一个点：（给第“2”点）

指定下一个点或［闭合（C）/拟合公差（F）］<起点切向>：（给第“3”点）

指定下一个点或［闭合（C）/拟合公差（F）］<起点切向>：（给第“4”点）

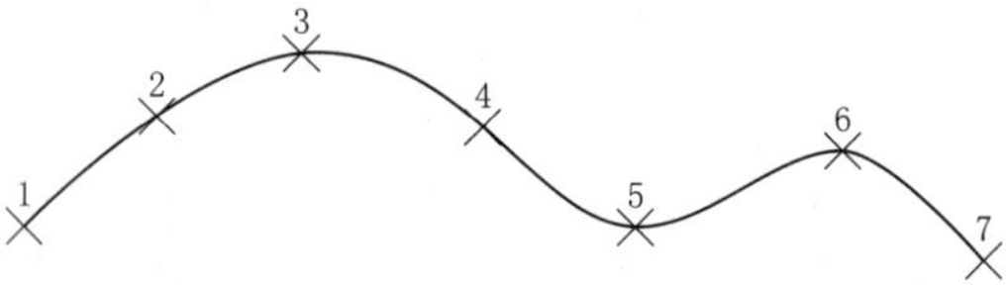

图3.22　画样条曲线示例

指定下一个点或［闭合（C）/拟合公差（F）］<起点切向>：（给第“5”点）
指定下一个点或［闭合（C）/拟合公差（F）］<起点切向>：（给第“6”点）
指定下一个点或［闭合（C）/拟合公差（F）］<起点切向>：（给第“7”点）
指定下一个点或［闭合（C）/拟合公差（F）］<起点切向>：↙
指定起点切向：（给起点的切线方向）
指定端点切向：（给终点的切线方向）

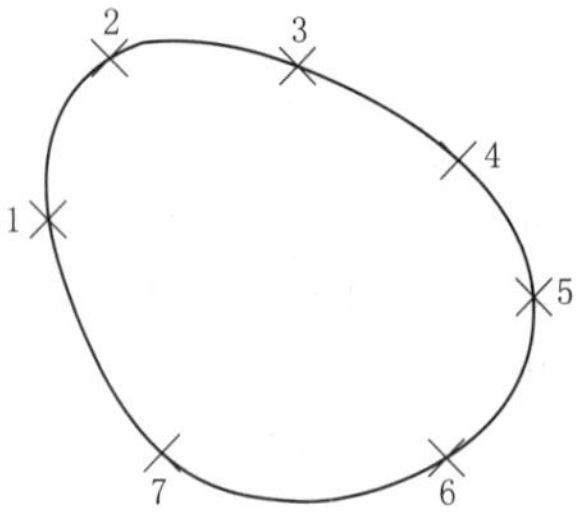

图3.23　画封闭的样条曲线

命令：

说明：

（1）给第“3”点时所出现的提示行中“闭合（C）”选项，使曲线首尾闭合，闭合后出现提示行让指定终点的切线方向。效果如图3.23所示。

（2）给第“3”点时所出现的提示行中“拟合公差（F）”选项，用来指定拟合公差，拟合公差决定了所画的曲线与指定点的接近程度。拟合公差越大，离指定点越远，拟合公差为0，将通过指定点（默认值为0）。

3.2.9　画云线和徒手画线

用“修订云线”（REVCLOUD）命令可绘制类同云朵一样的连续曲线，若将云线的弧长设置的很小可实现徒手画线。

绘制云线

1. 输入命令

- 从“绘图”工具栏单击：“修订云线”按钮
- 从下拉菜单选取：“绘图”⇨“修订云线”
- 从键盘输入：REVCLOUD

2. 命令的操作

命令：（输入命令）

最小弧长：6　最大弧长：6　样式：普通（信息行）

指定起点或［弧长（A）/对象（O）/样式（S）］<对象>：（单击左键给起点）

沿云线路径引导十字光标（移动鼠标目测画线，直至终点单击右键或按【Enter】键确定）

反转方向［是（Y）/否（N）］<否>：（选项后按【Enter】键结束命令）

命令：

效果如图3.24所示。

说明：

(1) 若在“指定起点或［弧长（A）/对象（O）/样式（S）］<对象>：”提示行中选择“弧长（A）”，可重新指定弧长。弧长用来确定所画云线的步距和弧的大小。云线的步距和弧的大小也与鼠标移动的速度相关，移动越快步距越大。

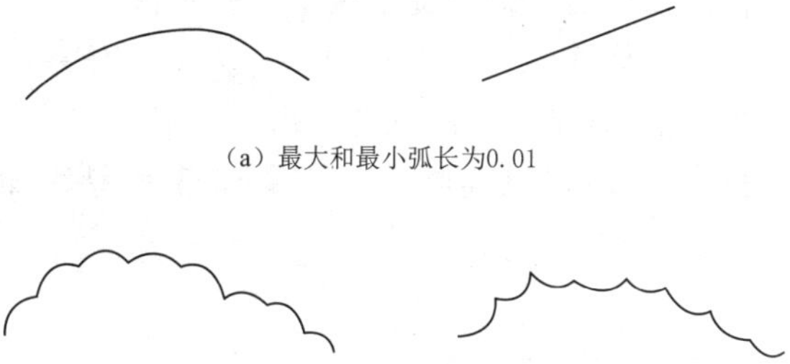

(a) 最大和最小弧长为0.01

不反转方向　　反转方向

(b) 最大和最小弧长为6

图 3.24　用 REVCLOUD 命令绘制云线示例

(2) 若在“指定起点或［弧长（A）/对象（O）/样式（S）］<对象>：”提示行中选择“对象（O）”，可修改已有的云线；若选择“样式（S）”项，可在“普通”和“徒手”两种圆弧样式中重新选择。

3.2.10　画点和等分线段

用“点”（POINT）命令可按设定的点样式在指定位置画点；用“定数等分”（DIVIDE）和“定距等分”（MEASURE）命令可按设定的点样式，在选定的线段上指定等分数或等分距离画等分点。同一个图形文件中只能有一种点样式，当改变点样式时，该图形文件中所画点的形状和大小都将随之改变。以上命令中无论一次画出多少个点，每一个点都是一个独立的实体。

绘制点

1. 设定点样式

点样式决定所画点的形状和大小。执行画点命令之前，应先设定点样式。

可以通过以下方式之一弹出“点样式”对话框，如图 3.25 所示。

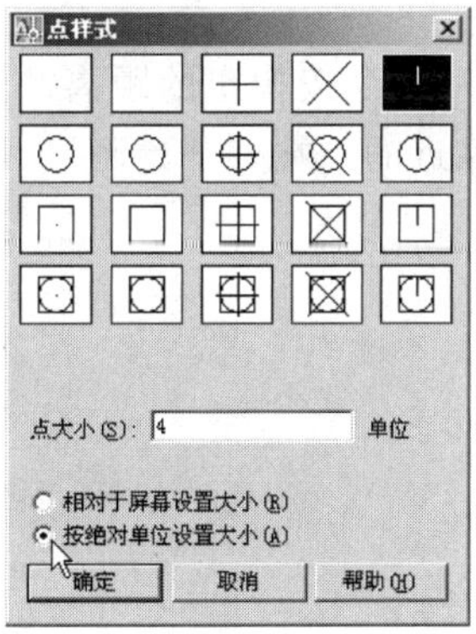

图 3.25 “点样式”对话框

- 从下拉菜单选取：“格式”⇨“点样式”
- 从键盘键入：DDPTYPE

“点样式”对话框用来设置点的样式，具体操作如下：

1) 单击对话框上部点的形状图例，设定点的形状。

2) 选中“按绝对单位设置大小”单选钮确定给点的尺寸方式。

3) 在“点大小”文字编辑框中指定所画点的大小。

4) 单击确定按钮完成点样式设置。

2. 按指定位置画点

设置所需的点样式后，可用“点”（POINT）命令按指定位置画点。

该命令可从以下方式之一输入：

- 从工具栏中单击：“点”图标按钮
- 从下拉菜单选取：“绘图”⇨“点”⇨“多点”（如只画一个点可选择“单点”）
- 从键盘输入：POINT

输入命令后，命令提示区出现提示行：

当前点模式：　PDMODE＝0　PDSIZE＝0.0000　　　（信息行）

指定点：(指定点的位置画出一个点)

指定点：(可继续画点或按【Esc】键结束命令）——如选择“单点”，将直接结束命令。

命令：

3. 按等分数画线段的等分点

设置所需的点样式后，可用“定数等分”(DIVIDE）命令按指定的等分数画线段的等分点，即等分线段。该命令可从以下方式之一输入：

- 从下拉菜单选取：“绘图”⇨“点”⇨“定数等分”
- 从键盘输入：DIVIDE

输入命令后，命令提示区出现提示行：

选择要定数等分的对象：(选择一条线段)

输入线段数目或［块（B)］　5↙——给等分数

命令：

等分点的形状和大小按所设的点样式画出，效果如图 3.26 所示。

(a）5等分直线段　　　(b）5等分圆弧

图 3.26　按等分数画线段等分点示例

4. 按指定距离画线段的等分点

设置所需的点样式后，可用“定距等分”(MEASURE）命令按指定的距离测量画线段的等分点，即等分线段。AutoCAD 从选择实体时所靠近的一端处开始测量。

该命令可从以下方式之一输入：

- 从下拉菜单选取：“绘图”⇨“点”⇨“定距等分”
- 从键盘输入：MEASURE

输入命令后，命令提示区出现提示行：

选择要定距等分的对象：(选择一条线段)

指定线段长度或［块（B）］　8↙——给等分长度。

命令：

等分点的形状和大小按所设点样式画出，效果如图 3.27 所示。

3.2.11　画多条平行线

绘制多线

用“多线”(MLINE）命令可按当前多线样式指定的线型、条数、比例及端口形式绘制多条平行线段。多线的间距可在该命令中重新指定。工程绘图中用“多线”命令画建筑平面图中的墙体非常方便，本节以绘制图 3.28 所示房屋平面图中的墙体为例讲述该命令的操作过程。

（a）按距离从左画线段等分点　　（b）按距离从右画线段等分点

图 3.27 按指定距离画线段等分点示例

1. 创建“房屋建筑平面图”多线样式

（1）从下拉菜单选取“格式”⇨“多线样式”或从键盘键入 MLSTYLE 输入命令，AutoCAD 显示“多线样式”对话框，如图 3.29 所示。

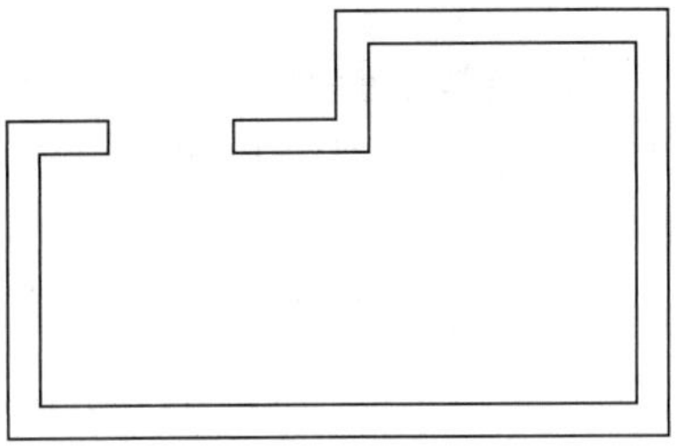

图 3.28 用“多线”命令绘制墙体的示例

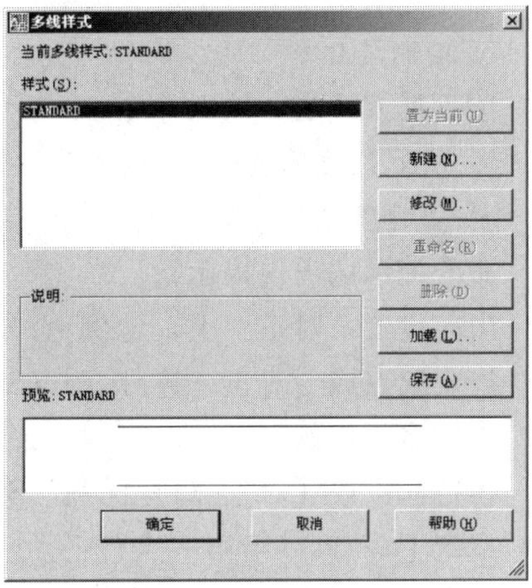

图 3.29 “多线样式”对话框

（2）单击“多线样式”对话框中“新建”按钮，弹出“创建新的多线样式”对话框，在该对话框“新样式名”文字编辑框中输入“房屋建筑平面图”，如图 3.30 所示。

（3）单击“创建新的多线样式”对话框中“继续”按钮，弹出“新建多线样式”对话框，如图 3.31 所示。

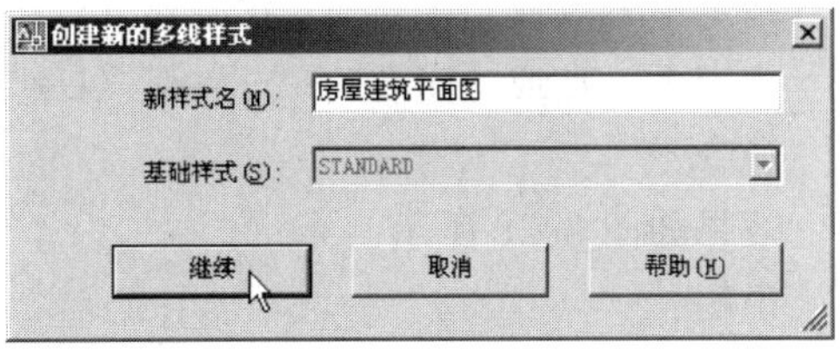

图 3.30 “创建新的多线样式”对话框

（4）在“新建多线样式”对话框中，打开“封口”区“直线（L）”形式的“起点”及“端点”开关（其他使用默认值）。设置后，单击“确定”按钮返回“多线样式”对话框，在“多线样式”对话框下部预览框内将显示出所设多线样式的形状。

（5）单击“多线样式”对话框中置为当前按钮将“房屋建筑平面图”多线样式设成当前多线样式，再单击“确定”按钮退出“多线样式”对话框，完成创建。

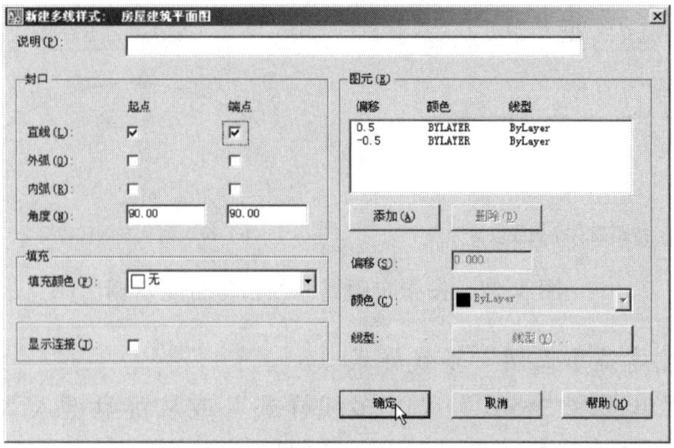

图3.31　“新建多线样式”对话框

2. 绘制墙体

用下列方式之一输入命令：

- 从下拉菜单选取：“绘图”⇨“多线”
- 从键盘键入：ML

命令提示区出现提示行：

当前设置：对正＝上，比例＝20.00，样式＝房屋建筑平面图　　（信息行）

指定起点或［对正（J)/比例（S)/样式（ST)］：S↙——选“比例（S）”选项

指定多线比例＜20.00＞：4.8↙——给多线的间距

指定起点或［对正（J)/比例（S)/样式（ST)］：（给起点）

指定下一点：（给第2点）

指定下一点或［放弃（U)］：（给第3点）

指定下一点或［闭合（C)/放弃（U)］：（给第4点）

指定下一点或［闭合（C)/放弃（U)］：（给第5点）

指定下一点或［闭合（C)/放弃（U)］：（给第6点）

指定下一点或［闭合（C)/放弃（U)］：（给第7点）

指定下一点或［闭合（C)/放弃（U)］：（给第8点）

指定下一点或［闭合（C)/放弃（U)］：↙

命令：

效果如图3.28所示。

说明：

（1）在“指定起点或［对正（J)/比例（S)/样式（ST)］:”提示行上选择“样式（ST）”选项，可按提示给出一个已有的多线样式的名字，确定后AutoCAD将其设为当前多线样式。

（2）在“指定起点或［对正（J)/比例（S)/样式（ST)］:”提示行上，选择“对正（J）”选项，可指定画多线时指定点与多线之间的关系。

选项后，命令提示区出现提示行：

输入对正类型［上（T)/无（Z)/下（B)］＜上＞：(选项）

选“上（T）”选项，指定点是多线最上边那条线；选“无（Z）”选项，指定点是多线中间那条线；选“下（B）”选项，指定点是多线最下边那条线。如图 3.32 所示。

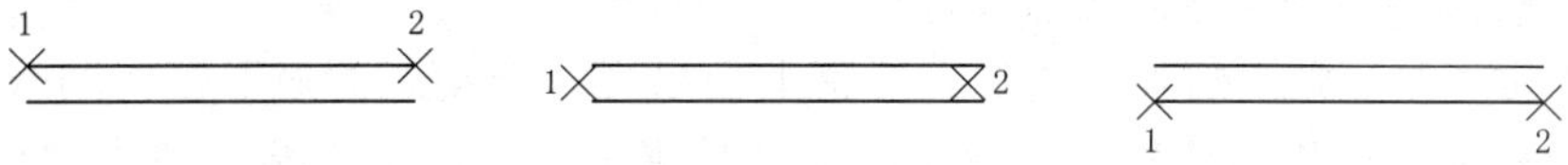

(a)“上(T)”模式　(b)“无(Z)”模式　(c)“下(B)”模式

图 3.32　“对正（J）”中各选项应用示例

3.2.12　注写文字

注写文字

AutoCAD 2008 有很强的文字处理功能，它提供了两种注写文字的方式：单行文字和多行文字。使用 AutoCAD 绘制工程图，要使图中注写的文字符合技术制图标准，应首先将所需的文字样式设置为当前文字样式。

1. 注写简单文字

在工程图中注写简单的文字，一般用“单行文字”（DTEXT）命令。该命令以单行方式输入文字，同一命令中只能注写同字高、同旋转角、同文字样式的文字，同一命令中的每一行都是一个独立的实体。

当输入单行文字时，常有一些特殊文字在键盘上找不到，AutoCAD 提供了一些特殊文字的注写方法，常用的有：

注写“Φ”直径符号——输入“%%C”

注写“°”角度符号——输入“%%D”

注写“±”上下偏差符号——输入“%%P”

注写“%”百分比符号——输入“%%%”

说明：特殊文字中“Φ”直径符号不是中文文字，所以它在中文文字中显示为“?”。

2. 注写复杂文字

在工程图中注写分式、上下标、角码和形状不同、字体大小不同的字体等复杂的文字组，应用“多行文字”（MTEXT）命令，它具有控制所注写文字字符格式及段落文字特性等功能。该命令以多行方式输入文字，即同一命令中的所有文字是同一个实体。

(1) 输入命令。

- 从工具栏中单击：“多行文字”图标按钮
- 从下拉菜单选取：“绘图”⇨“文字”⇨“多行文字”
- 从键盘键入：MT

(2) 命令的操作。

命令：(输入命令）

当前文字样式：“工程图中汉字”

当前文字高度：5.00

注释性：否（信息行）

指定第一角点：（指定矩形段落文字框的第一角点）

指定对角点或［高度（H）/对正（J）/行距（L）//旋转（R）/样式（S）/宽度（W）/栏（C）］：（指定对角点或选项）

当指定了第一角点后拖动光标，屏幕上会出现一个动态的矩形框，AutoCAD在矩形框中显示一个箭头符号用来指定文字的扩展方向，拖动光标至适当位置给对角点（也可选择其他选项操作），AutoCAD将弹出“多行文字编辑器”对话框，如图3.33所示。

“多行文字编辑器”对话框分“文字格式”和“文字显示”上下两部分，“文字格式”部分有上下两行，“文字显示”部分默认状态上部显示标尺。

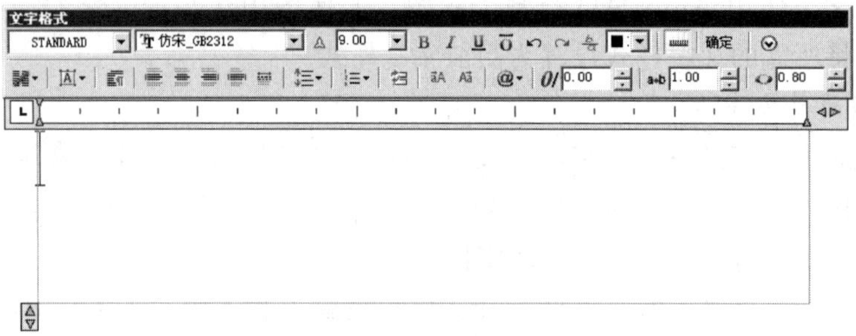

图3.33 “多行文字编辑器”对话框

1）“文字格式”部分上行。

“文字格式”部分上行的各操作项主要用来控制文字字符格式，各操作项的含义从左到右依次为：

“文字样式”下拉列表框：可以从中选择一种文字样式作为当前样式。

“字体”下拉列表框：可以从中选择一种文字字体作为当前文字的字体（当前文字即是已选择的文字或选项后要输入的文字）。

“字高”文字编辑框：也是一个下拉列表框，可以在此输入或选择一个高度值作为当前文字的高度。

 粗体按钮：单击它将使当前文字变成粗体字。

 斜体按钮：单击它将使当前文字变成斜体字。

 下划线按钮：单击它将使当前文字加上一条下划线。

 上划线按钮：单击它将使当前文字加上一条上划线。

 放弃按钮：单击它将撤销在对话框中的最后一次操作。

 重做按钮：单击它将恢复被撤销的一次操作。

 分式按钮：单击它将使所选择的包含“/”符号的文字以该符号为界，变成分式形式；使所选择的包含“∧”符号的文字以该符号为界，变成上下两部分，其间没

有横线。

颜色：这是一个下拉列表框，用来设置当前文字的颜色。

标尺开关：单击它可关闭文字显示部分上部的标尺。

选项按钮：单击它可从弹出的右键菜单中选择所需的选项进行操作。

2）“文字格式”部分下行。

“文字格式”部分下行中的各操作项主要用来控制段落文字特性，各操作项的含义从左到右依次为：

列按钮：单击它弹出下拉菜单，可从中选择设置文字分栏的方式。

多行文字对正按钮：单击它弹出下拉菜单，可从中选择设置段落文字在指定的矩形框内的对正位置。

段落按钮：单击它弹出“段落”对话框，可按所需设置文字段落的格式。

左对齐按钮：单击它将使当前文字段落以左对齐方式排列（当前文字段落即是已选择的文字段落或选项后要输入的文字段落）。

居中按钮：单击它将使当前文字段落在指定的矩形框内左右居中排列。

右对齐按钮：单击它将使当前文字段落在指定的矩形框内右对齐排列。

对正按钮：单击它将使当前文字行的位置还原为初始排列状态。

分布按钮：单击它将使当前文字行中的文字按文字显示框的宽度拉开分布。

行距按钮：单击它弹出下拉菜单，可从中选择设置当前文字行的行距。

编号按钮：单击它弹出下拉菜单，可从中选择在当前文字行前加注编号。

插入字段按钮：单击它可在弹出的“字段”对话框中选择已有的字段插入到当前文字段落（字段用于某些信息，例如日期和时间、图纸编号、标题等）。字段更新时，图形中将自动显示最新的数据。

全部大写按钮：单击它将使当前文字中的小写英文字母都改为或写为大写英文字母。

全部小写按钮：单击它将使当前文字中的大写英文字母都改为或写为小写英文字母。

@ 符号按钮：单击它可在弹出的下拉菜单中选择一种符号插入到当前文字中。

0/ 0.00 倾斜角度：这是一个文字编辑框，用来设定当前文字字头的倾斜角度。

a•b 1.00 追踪（字间距）：这是一个文字编辑框，用来设定当前文字段落的字间距。

1.00 宽度比例：这是一个文字编辑框，用来设定当前文字的宽度。

3）文字显示部分。

将光标移到文字显示区上方的标尺位置，单击鼠标右键弹出菜单，可进行“段落”、“设置多行文字宽度”和“设置多行文字高度”的操作。

将光标移到文字显示区内，单击鼠标右键弹出右键菜单，可进行“插入字段”、“输入文字”、插入“符号”、“段落对齐”、“分栏”、文字“查找和替换”、文字“背景遮罩”等操作。

若要编辑“多行文字编辑器”中显示的多行文字，应先醒目地选择文字，然后再对所选的文字进行编辑。

多行文字的注写效果如图3.34所示。

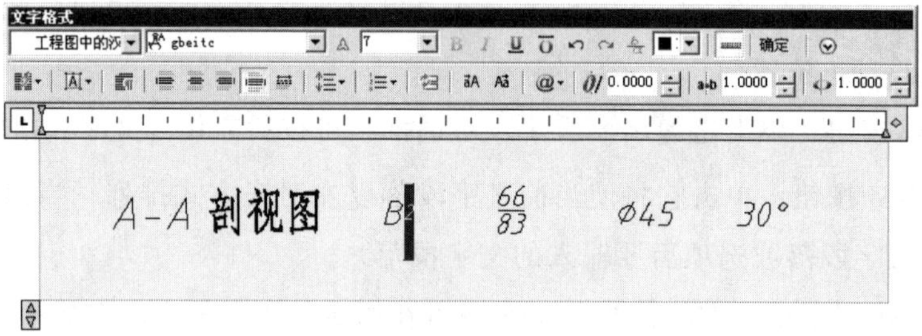

图3.34　多行文字的注写效果

3. 修改文字的内容

用“编辑”（DDEDIT）命令可修改已注写文字的内容。

（1）输入命令。

- 双击要修改的文字
- 从右键菜单选取：先选择文字，然后单击右键，在弹出的右键菜单中选择“编辑”或“编辑多行文字”项
- 从下拉菜单选取：“修改”⇨“对象”⇨“文字”⇨“编辑...”
- 从键盘键入：DDEDIT

（2）命令的操作。

命令：（输入命令）

选择注释对象或［放弃（U）］：（选择要修改的文字）

如果选择了“单行文字”命令注写的文字，AutoCAD将激活该行文字，使要修改的文字显示在激活的文字编辑框中，修改后按【Enter】键，如果选择了用“多行文字”命令注写的文字，AutoCAD则将弹出“多行文字编辑器”对话框，所选择的文字显示在该对话框中，修改后单击确定按钮，AutoCAD会继续出现上行提示，可继续选文字进行修改，若连续按2次【Enter】键将结束命令。

说明：若选择提示行“选择注释对象或［放弃（U）］：”中的“放弃（U）”选项，将撤销最后一次的操作。

3.2.13　绘制表格

用“表格”（TABLE）命令可绘制表格，在该命令中可选择所需的表格样式、设

置表格的行和列数、以多行文字格式注写文字，还可进行公式运算等操作。执行“表格”命令之前，应先设置表格样式。

1. 设置表格样式

表格样式决定了所绘表格中的文字字型、大小、对正方式、颜色，以及表格线型的线宽、颜色和绘制方式等。可使用默认的“Standard”表格样式，若默认表格样式不是所希望的，应先设置所需的表格样式。

创建表格样式

可以通过以下方式打开“表格样式”对话框。

- 从“样式”工具栏单击：“表格样式”按钮
- 从下拉菜单选取：“格式”⇨“表格样式”
- 从键盘输入：TABLESTYLE

输入命令后，AutoCAD显示“表格样式”对话框，如图3.35所示。

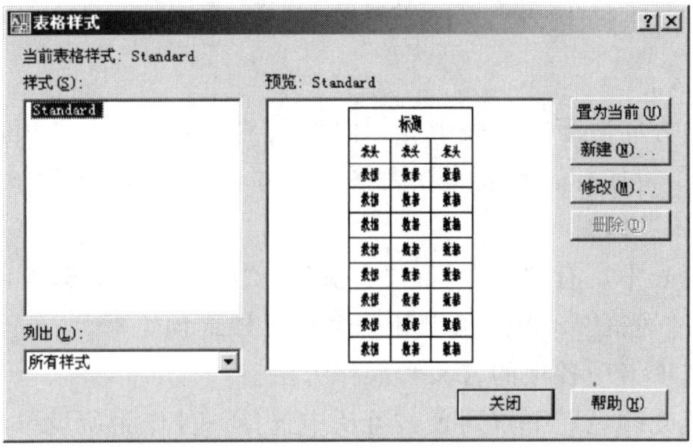

图3.35 “表格样式”对话框

“表格样式”对话框左边是“样式”名，中部为预览区。单击右边的“新建”按钮将弹出“创建新的表格样式”对话框，如图3.36所示。

在“创建新的表格样式”对话框“新样式名”中输入新建表格样式名，单击继续按钮，弹出“新建表格样式”对话框，如图3.37所示。在该对话框中进行相应的设置，然后单击“确定”按钮，返回“表格样式”对话框，单击关闭按钮所设的表格样式将被保存并置为当前。

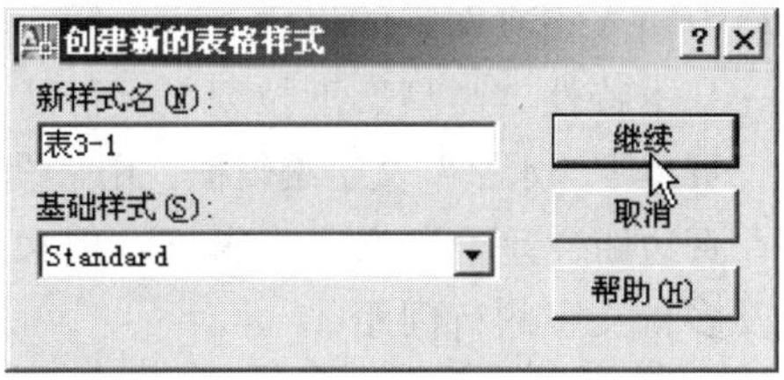

图3.36 “创建新的表格样式”对话框

“新建表格样式”对话框有“起始表格”、“基本”和“单元样式”3个区。

(1)“起始表格”区。

单击该区的图标返回图纸，可选择一个已有的表格为新建表格样式的基础格式。

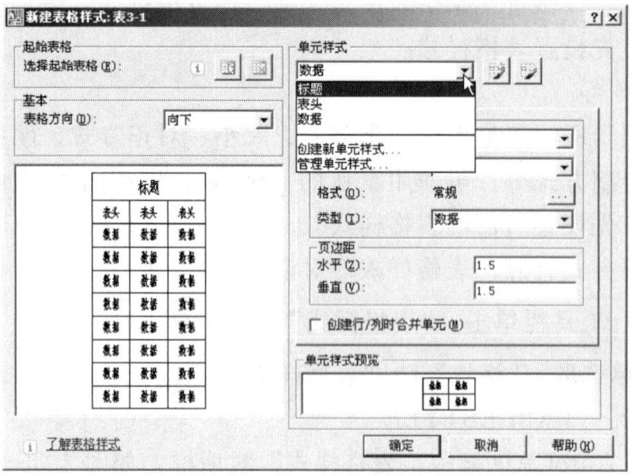

图 3.37　“新建表格样式”对话框

(2)“基本”区。

该区的“表格方向”下拉列表中有“向上”、“向下”两个选项，默认方式是“向上”，选择“向下”将使标题和表头在表格的下方，其下为表格样式的预览框。

(3)“单元样式”区。

在该区下拉列表中，有“数据”、“表头”、“标题”3个选项，每个选项都对应“基本”、“文字”、“边框”3个选项卡和一个单元样式预览框。

1)“基本”选项卡中各项的含义和操作方法。

基本特性“填充颜色”下拉列表：可从中选择一种作为所设单元表格的底色。

基本特性“对齐”下拉列表：可从中选择一种作为所设单元表格文字的定位方式。

基本特性“格式”按钮：可从弹出的“表格单元格式”对话框中选择“百分比”、“日期”、“点”、“角度”、“十进制数”、“文字”、“整数”等的一种样例作为所设单元表格中输入相应文字的格式。

基本特性“类型”下拉列表：可从“数据”和“标签”中选择一种类型。

页边距“水平”文字编辑框：用来设置所设单元表格内文字与线框水平方向的间距。

页边距“垂直”文字编辑框：用来设置所设单元表格内文字与线框垂直方向的间距及多行文字的行间距。

2)“文字”选项卡中各项的含义和操作方法。

“文字样式”下拉列表：可从中选择一种作为所设单元表格文字的字体。

“字体高度”文字编辑框：用来设置所设单元表格文字的高度。

“文字颜色”下拉列表：可从中选择一种作为所设单元表格文字的颜色。

“文字角度”文字编辑框：用来设置所设单元表格文字的角度。

3)“边框”选项卡中各项的含义和操作方法。

边框“线宽”下拉列表：可从中选择一种作为所设单元表格线型的线宽。

边框“线型”下拉列表：可从中选择一种作为所设单元表格的线型。

边框“颜色”下拉列表：可从中选择一种作为所设单元表格线型的颜色。

其下部的8个按钮，用来控制表格线型的绘制范围。

说明：单击“表格样式”对话框中的修改按钮，可修改已有的表格样式；单击“表格样式”对话框中的置为当前按钮，可将选中的表格样式设置为当前样式。设置当前表格样式的常用方式是在“样式”工具栏中的表格样式窗口列表中选取。

2. 插入和填写表格

设置所需的表格样式后，可用“表格”（TABLE）命令来插入和填写表格，可按以下方式之一输入命令：

插入表格

- 从“绘图”工具栏单击：“表格”按钮
- 从下拉菜单选取：“绘图”⇨“表格”
- 从键盘输入：TABLE

输入命令后，AutoCAD显示“插入表格”对话框，如图3.38所示。

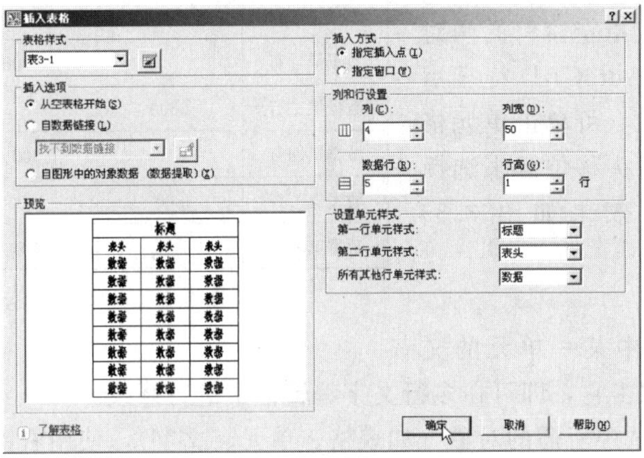

图3.38　“插入表格”对话框

“插入表格”对话框有“表格样式设置”“插入方式”“列和行设置”“插入选项”“设置单元样式”5个区。具中“插入选项”区一般使用默认设置，其他各区含义及操作方法介绍如下。

(1)“表格样式”区。

“表格样式”下拉列表：可从中选择一种所需的表格样式。

单击“表格样式”下拉列表框后的图标按钮，可显示“表格样式”对话框，操作它可修改表格样式。

该区下部为当前表格样式的预览框。

(2)“列和行设置”区。

“列”文字编辑框：用来设置表格中数据和表头的列数。

“数据行”文字编辑框：用来设置表格中数据和表头的行数。

“列宽”文字编辑框：用来设置表格中数据和表头单元的宽度。

“行高”文字编辑框：用来设置表格中数据和表头单元中文字的行数。

（3）“设置单元样式”区。

“第一行单元样式”下拉列表：可从中选择一种作为表格中第一行的样式。

“第二行单元样式”下拉列表：可从中选择一种作为表格中第二行的样式。

“所有其他行单元样式”下拉列表：可从中选择一种作为除第一行和第二行外的其他行的样式。

（4）“插入方式”区。

该区有“指定插入点”和“指定窗口”2个单选钮，可选择其中一种作为表格的定位方式。若选择了“指定窗口”方式，“列和行设置”区的“列宽”和“数据行”文字编辑框将显示为灰色不可用，表格的列宽和数据行数将在插入时由光标所给的窗口大小来确定。

完成“插入表格”对话框的设置后，单击确定按钮，关闭对话框进入绘图状态，此时命令区提示：“指定插入点”（或指定窗口的两对角点），指定后，AutoCAD将显示多行文字输入格式，可单击单元格或操作键盘上的箭头移位键来选择位置输入文字。效果如图3.39所示。

标题			
列标题一	列标题二	列标题三	列标题四
数据第一行	500	160	660
数据第二行		20000	20000
数据第三行	3500		3500
数据第四行		200	200
数据第五行	800	1000	1800
数据第六行		合计	255660

图3.39　绘制表格示例

说明：

1）修改表格中某一单元的文字，只需用鼠标双击它，即可在多行文字编辑框中进行修改。

2）在表格中选中所需的对象（如表格、单元、文字），使用右键菜单可进行“求和”、“均值”、“方程式”运算等更多的操作和修改。

3）应用夹点功能修改表格的大小非常方便。

【项目训练】

项目训练-任务3.2答案

一、选择题

1. 绘制多段线的命令是（　　）。

A. LINE　　B. PLINE　　C. XLINE　　D. MLINE

2. 绘制正多边形过程中，不能够作为正确的方法有（　　）。

A. 内接法　　B. 长度测量　　C. 外切法　　D. 由边长确定

3. AutoCAD用CIRCLE命令画圆时，如果要绘制任意三角形的内切圆应采用（　　）方式。

A. 圆心＋半径　　B. 2P（两点）　　C. 3P（三点）　　D. TTR

4. AutoCAD中用于绘制圆弧和直线结合体的命令为（　　）

A. 圆弧　　B. 构造线　　C. 多段线　　D. 样条曲线

5. 要在文本字符串中插入直径符号，应输入（　　）。

A. ％％d　　B. ％％c　　C. ％％p　　D. ％％a

6. 在 AutoCAD 中用文字命令输入±的控制符号是（　　）。

A. %%D　　B. %%U　　C. %%C　　D. %%P

7. 用单行文本（TEXT）命令标注角度符号“°”时应使用（　　）。

A. %%C　　B. %%D　　C. %%P　　D. %%U

8. AutoCAD 中输入“$\frac{1}{2}$”，可运用（　　）命令把此分数形式改为水平分数形式。

A. 单行文字　　B. 对正文字　　C. 多行文字　　D. 文字样式

9. 如果用单行文字（DTEXT）命令标注文字，输入文本%c100，则显示结果为（　　）。

A. 命令行提示出错信息并退出单行文字（DTEXT）命令

B. 命令行提示出错信息后仍要求输入文本

C. 显示%c100

D. 显示 Φ100

10. 在 AutoCAD 中输入文字“70%”时，可用单行文本命令输入（　　）。

A. %%%70　　B. 70%%%　　C. 70%%　　D. %%70

11. 用 LINE 命令画出一个矩形，该矩形中有（　　）图元实体。

A. 1 个　　B. 4 个　　C. 不一定　　D. 5 个

12. ARC 子命令中的（C，S，L）指的是哪种画圆弧方式（　　）。

A. 起点、圆心、终点　　B. 圆心、起点、弦长

C. 起点、圆心、圆心角　　D. 起点、终点、圆心角

13. PL 是哪个命令的热键名（　　）。

A. Pline　　B. Point　　C. Pan　　D. Print

14. CIRCLE 命令中的 3P 选项可以以（　　）方式画圆。

A. 端点、端点、直径　　B. 端点、端点、半径

C. 切点、切点、切点　　D. 切点、切点、半径

15. EXPLODE（分解）命令对（　　）图形无效。

A. 多段线　　B. 正多边形　　C. 椭圆　　D. 多线

16. 执行［样条曲线］命令后，（　　）选项用来输入曲线的偏差值。值越大，曲线越远离指定的点；值越小，曲线离指定的点越近。

A. 闭合　　B. 端点切向　　C. 拟合公差　　D. 起点切向

17. 下面哪个对象不可以使用 PLINE 命令来绘制（　　）。

A. 直线　　B. 圆弧

C. 具有宽度的直线　　D. 椭圆弧

18. 应用相切、相切、相切方式画圆时（　　）

A. 相切的对象必须是直线

B. 不需要指定圆的半径和圆心

C. 从下拉菜单激活画圆命令

D. 不需要指定圆心但要输入圆的半径

19. （　　）命令用于绘制多条相互平行的线，每一条的颜色和线型可以相同，也可以不同，此命令常用来绘制建筑工程上的墙线。

A. 多段线　　B. 多线　　C. 样条曲线　　D. 直线

20. （　　）命令可以绘制文字。

A. TEXT　　B. DTEXT　　C. MTEXT　　D. 以上均不可以

21. 下列（　　）文字特性可以在“多行文字编辑器”对话框中设置。

A. 高度　　B. 字体　　C. 旋转角度　　D. 文字样式

22. 下面可以绘制正方形的命令是（　　）。

A. LINE　　B. PLINE　　C. RECTANG　　D. POLYGON

23. 当前图层的颜色是红色，线型是中心线，而画的图线却是白色细实线，可能的原因是（　　）。

A. 图层设置产生错误

B. 该图层是 0 层

C. 特性工具栏颜色和线型没有设置为“随层”

D. 计算机出故障了，错误的显示而已

二、判断题

1. LIST 命令可列出多段线的面积。（　　）

2. 在绘图时，一旦打开正交方式 ORTHO 后，屏幕上只能画水平线和垂直线。（　　）

3. 用 AutoCAD 绘制图形时，其绘图范围是有限的。（　　）

4. 在 AutoCAD 系统中，网格线是绘图的辅助线，将来可能出现在输出的图纸上。（　　）

5. 图层被锁定后，其上的实体既不能编辑，又不可见。（　　）

6. 正交线指的是在正交方式下绘制的直线。（　　）

7. 在输入文字时，不能使用透明命令。（　　）

【技能训练】

1. 用“构造线”命令中的 6 种方式画无穷长直线。重点掌握“画平行线”、“画垂直线”、“偏移”3 种画无穷长直线的方式。

2. 用“多边形”命令中的 3 种方式画多边形。

3. 用“矩形”命令分别按边长、面积画矩形、画有斜角的矩形、画有圆角的矩形。

4. 用“圆”命令中的 5 种方式画圆。通过练习要熟悉画圆的每一种方式。

5. 用“圆弧”命令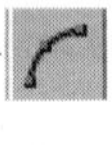中的 8 种方式画圆弧。通过练习要掌握各种条件画圆弧的方法。

6. 用“多段线”命令画出各种宽度多段线。绘制组合线时，设粗实线图层为

当前层，线宽设成“0mm”（这样等宽线线宽随图层）；绘制粗等宽线时，线宽设成“2mm”；绘制不等宽线时，线宽设成“2mm”和“5mm”；绘制大箭头时，线宽设成“0mm”和“2mm”。

7. 用“椭圆”命令中的3种方式画椭圆和椭圆弧。重点掌握“轴端点方式”、“椭圆心方式”2种画椭圆的方式。

8. 用“样条曲线”命令中的默认方式画样条曲线。

9. 用“点”命令移动鼠标指定位置画几个点。创建点样式，练习按等分数或按指定距离画线段等分点。

10. 用“多线样式”命令创建“q”多线样式，墙厚240，然后用“多线”命令绘制图一个4000×2000的矩形墙体。

11. 先用“表格样式”命令创建“表格1”样式，再用“表格”命令绘制表格，如图4.38。

绘制各种宽度多段线

【实训要求】

1. 画斜线时要将状态栏中正交关闭；擦除中如不易选中目标应将捕捉关闭。

2. 要充分利用鼠标的右键菜单和空格键。可显著提高绘图速度。

3. 要注意总结绘图命令操作的共同点。通过练习，要熟记这些命令的功能，熟悉这些命令中各选项的含义和操作方法。只有熟悉它们，才能根据工程图中不同的尺寸条件来准确、迅速地绘制工程图。

绘制墙体

任务3.3　编　辑　命　令

【任务目标】

1. 能进行正确的实体选择

2. 能对图形进行正确的编辑操作

3.3.1　编辑命令中选择实体的方式

AutoCAD编辑命令操作的共同点是：首先输入命令，然后选择要编辑的实体，选择实体后再按提示进行编辑。

实体是指所绘工程图中的图形、文字、尺寸、剖面线等。用一个命令画出的图形或注写的文字，可能是一个实体，也可能是多个实体。如：用“直线”命令一次画出5段连续线是5个实体，而用“多段线”命令一次画出5段连续线却是一个实体；用“单行文字”命令一次所注写的文字每行是一个实体，而用“多行文字”命令一次所注写的文字无论多少行都是一个实体。

在AutoCAD中进行每一个编辑操作时都需要确定操作对象，也就是要明确对哪一个或哪一些实体进行编辑，此时，AutoCAD会提示：

选择对象：（选择需编辑的实体）

当选择了实体之后，AutoCAD用虚像显示它们以示醒目。每次选定实体后，“选择对象:”提示会重复出现，直至按［Enter］键或单击鼠标右键结束选择。

AutoCAD提供了多种选择实体的方法，有“直接点取方式”“W窗口方式”“C交叉窗口方式”3种默认方式，下面再介绍几种常用的选择实体方式。

1. 栏选方式

该方式可绘制若干条直线，它用来选中与直线相交的实体。在出现“选择对象:”提示时，输入“F”，再按提示给出直线的各端点（即栏选点），确定后即选中与这组直线相交的实体。

2. 扣除方式

该方式可撤销同一个命令中已选中的实体。常用的方法是：在出现“选择对象:”提示时，按下［Shift］键，然后用鼠标点选或窗选，可撤销已选中的实体。

3. 全选方式

该方式选中图形中所有实体。在出现“选择对象:”提示时，输入“aL”，确定后即选中该图形文件中没有冻结和锁定的所有实体。

说明：若在实体重叠处选择对象，应打开状态栏上的“SC”（选择循环）模式开关，此时可从单击重叠处后显示的实时“选择集”对话框中直接选择。

3.3.2 复制

在AutoCAD中绘图，图样中相同的部分一般只画一次，其他相同部分可用编辑命令复制绘出。不同的复制情况应使用不同的复制命令。

对于图形中任意分布的相同部分，绘图时可只画出一处，其他用“复制”命令复制绘出；对于图形中对称的部分，一般只画一半，然后用“镜像”命令复制出另一半；对于成行成列或在圆周上均匀分布的结构，一般只画出一处，其他用“阵列”，命令复制绘出；对于已知间距的平行直线或较复杂的类似形图形，可只画出一个，其他用“偏移”命令复制绘出。

复制图形中任意分布的实体

用“复制”（COPY）命令可将选中的实体复制到任意指定的位置。该命令可复制一次，也可连续进行任意复制或成行阵列复制，无论是复制一次还是连续进行任意复制或成行阵列复制选择实体后都要先确定基点，基点是确定新复制实体位置的参考点，也就是位移的第一点，精确绘制时，必须按图中所给尺寸的方式合理地选择基点。

复制

命令：

从“修改”工具栏中单击：“复制”图标按钮

镜像

从下拉菜单选取：“修改”——“复制”

从键盘输入：co

3.3.3 复制图形中对称的实体

复制镜像

用“镜像”（MIRROR）命令可复制绘制出与选中实体对称的实体，镜像指以相反的方向复制生成所选择的实体，该命令将选中的实体按指定的镜像线作镜像。

命令：

从“修改”工具栏中单击：“镜像”图标按钮

从下拉菜单选取：“修改”——“镜像”

窗口选择实体

镜像线

用“阵列”（ARRAY）命令可一次复制生成多个均匀分布的实体，AutoCAD 提供了 3 种阵列的方式。

（1）指定行数、列数、行间距、列间距进行矩形阵列。

（2）指定中心、个数、填充角度（即阵列的包含角度）进行环形阵列。

（3）指定路径、间距进行路径阵列（AutoCAD2010 版本以上新增）。

命令：

从“修改”工具栏中单击并按住：“阵列”按钮，然后从中选择阵列方式。

从下拉菜单选取：“修改”中选取“阵列”命令，然后从级联子菜单中选择阵列方式。

从键盘输入：AR，然后从提示行中选择阵列方式。

3.3.4 复制生成图形中的类似实体

用“偏移”（OFFSET）命令可复制生成图形中的类似实体。该命令将选中的直线、圆弧、圆及二维多段线等按指定的偏移量或通过点生成一个与原实体形状类似的新实体（单条直线是生成相同的新实体），新实体所在图层可与原实体相同，也可绘制在当前图层上。

命令：

从“修改”工具栏中单击：“偏移”图标按钮

从下拉菜单选取：“修改”——“偏移”

从键盘输入：OFFSET

偏移延伸

说明：该命令在选择实体时，只能用“直接点取方式”选择实体，并且一次只能选择一个实体。

3.3.5 移动

在 AutoCAD 中绘图，不必像在尺规绘图那样精确计算每个视图在图纸上的位置，若某部分图形定位不准确，也不必将其擦掉，只需用“移动”命令或“旋转”命令就可轻而易举地将它们平移或旋转到所需的位置平移图形中的实体用“移动”（MOVE）命令可将选中的实体平行移动到指定的位置。

偏移

命令：

从“修改”工具栏中单击：“移动”图标按钮

从下拉菜单选取；“修改”——“移动”

从键盘输入：MO

移动

3.3.6 旋转部形中的实体

用“旋转”（ROTATE）命令可将选中的实体绕指定的基点进行旋转，该命令可按所注的尺寸选用给转角方式或参照方式，并能实现复制旋转。

命令：

从“修改”工具栏中单击：“旋转”图标按钮

从下拉菜单选取：“修改”——“旋转”

从键盘输入：ROTATE。

3.3.7　改变大小

在修改图形时，若图形中的实体大小不是所希望的，可用编辑命令来改变，而不必重新绘制，不同的情况，应采用不同的编辑命令来修改。

用“比例缩放”（SCALE）命令可将选中的实体相对于基点按比例进行放大或缩小。该命令可根据需要选用给比例值方式或参照方式，并能实现复制缩放。

所给比例值大于1，放大实体；所给比例值小于1，缩小实体，比例值不能是负值。

命令：

从“修改”工具栏中单击：“缩放”按钮

从下拉菜单选取：“修改”——“缩放”

从键盘输入：sca

3.3.8　拉压翻形中的实体

用“拉伸”（STRETCH）命令可将选中的实体拉长或压缩到给定的位置。在操作该命令时，应用C窗口方式来选择实体。

一般情况：与选取窗口相交的实体会被拉长或压缩；完全在选取窗口内或用其他方式选中的实体只发生移动。

特殊情况：用C窗口方式选择圆实体，若圆心不在窗口内，则圆保持不变，若圆心在窗口内，则圆只作平移；用C窗口方式选择文字实体；若文字行的起点不在窗口内，则文字行保持不变，若文字行的起点在窗口内，文字行只作平移。

拉伸

命令：

从“修改”工具栏中单击：“拉伸”（即拉压）图标按钮

从下拉菜单选取：“修改”——“拉伸”

从键盘输入：STRETCH

3.3.9　打断

用“打断”（BREAK）命令可擦除实体上不需要指定边界的某一部分，也可将一个实体在一个点处打断即分成两个实体。该命令可直接给两断开点擦除实体的一部分；也可先选择要打断的实体，然后再给两断开点擦除实体的一部分。后者常用于第一个打断点定位不准确，需要重新指定的情况。

命令：

从“修改”工具栏中单击：“打断”图标按钮

从下拉菜单选取：“修改”——“打断”

从键盘输入：BR

3.3.10　合并

用“合并”（JOIN）命令可将一条直线、多个线段或一个圆上的多个圆弧连接合并为一个实体。

合并

命令：

从“修改”工具栏单击：“合并”图标按钮

从下拉菜单选取：“修改”——“合并”

从键盘输入：JO

3.3.11 延伸与修剪到边界

为了提高绘图速度，常根据所给尺寸，先用绘图命令画出图形的基本形状，然后再用“修剪”命令将各实体中多余的部分去掉，这两个命令在图框的绘制中已经应用过了。

延伸：用“延伸”（EXTEND）命令可将选中的实体延伸到指定的边界。

命令：

从“修改”工具栏中单击：“延伸”图标按钮

从下拉菜单选取：“修改”——“延伸”

从键盘输入：EXT

说明：

延伸命令最后一行提示中后5项的含义是：

“栏选（F）”选项：选择它，可用栏选方式选择要延伸的实体。

“窗交（C）”选项：选择它，可用C窗口方式选择要延伸的实体。

“投影（P）”选项：用于确定是否指定或使用投影方式。

“边（E）”选项：用于指定延伸的边方式。其有“延伸”与“不延伸”两种方式。“不延伸方式限制延伸后实体必须与边界相交才可延伸；“延伸”方式对延伸后被延伸实体是否与边界相交没有限制。

“放弃（U）”选项：撤销延伸命令中最后一次操作。

延伸命令中可按提示行“按住Shift键选择要修剪的对象”，进行修剪实体到边界的操作。

3.3.12 修剪

偏移修剪圆角

用“修剪”（TRIM）命令可将指定的实体部分修剪到指定的边界。

命令：

从“修改”工具栏中单击：“修剪”图标按钮

从下拉菜单选取：“修改”——“修剪”

从键盘输入：TR

说明：

（1）“修剪”命令中的修剪边界同时也可以作为被修剪的实体。

（2）“修剪”命令提示行中的其他选项与“延伸”命令中的同类选项含义相同。

（3）修剪命令中可按提示行“按住Shift键选择要延伸的对象”，进行延伸实体到边界的操作。

3.3.13 倒角

圆角倒角

用“倒角”（CHAMFER）命令可按指定的距离或角度对图形中实体倒斜角。该命令可在一对相交直线上倒斜角，也可对封闭的一组线（包括多段线、多边形、矩形）各线交点处同时进行倒斜角。

命令：

从“修改”工具栏中单击：“倒角”图标按钮

从下拉菜单选取："修改"——"倒角"

从键盘输入：CHAMFER

3.3.14　圆角

命令：

从"修改"工具栏中单击："圆角"图标按钮

从下拉菜单选取："修改"——"圆角"

从键盘输入：F

3.3.15　光滑连接

用"光顺曲线"（BLEND）命令可在两条选定直线或开放曲线的间隙处绘制一条样条曲线，以把两线段光滑地连接起来。

命令：

从"修改"工具栏中单击："光顺曲线"按钮

从下拉菜单中选择："修改"——"光顺曲线"

从键盘输入：BLEND

3.3.16　分解

用"分解"（EXPLODE）命令可将多段线、矩形、正多边形、图块、剖面线、尺寸等含多项内容的一个实体分解成若干个独立的实体当只需编辑这些实体中一部分时，可先执行该命令分解实体。

命令：

从"修改"工具栏单击："分解"按钮

从下拉菜单选取："修改"——"分解"

从键盘输入：EXPLODE

3.3.17　编辑多段线

用"修改多段线"（PEDIT）命令可编辑多段线，并可执行几种特殊的编辑功能以处理多段线的特殊属性。

命令：

从下拉菜单选取："修改"——"对象"——"多段线"

从键盘输入：PEDIT

选择多段线或［多条（M）］：（选择实体）

输入选项［闭合（C）/合并（J）/宽度（W）/编辑顶点（E）/拟合（F）/样条曲线（S）/非曲线化（D）/线型生成（L）/反转（R）/放弃（U）］：

各选项含义如下：

"闭合（C）"选项：将所选的多段线首尾闭合。

"合并（J）"选项：将数条首尾相连的非多段线或多段线转换成一条多段线。

"宽度（W）"选项：重新指定多段线的线宽。

"编辑顶点（E）"选项：针对多段线某一顶点做编辑。

"拟合（F）"选项：将多段线拟合成双圆弧曲线。

"样条曲线（s）"选项：将多段线拟合成样条曲线。

“非曲线化（D）”选项：将拟合曲线修成的平滑曲线还原成多段线。

“线型生成（L）”选项：设置线型图案所表现的方式。

“反转（R）”选项：将多段线顶点的顺序反转。

“放弃（U）”选项：撤销命令中上一步的操作。

3.3.18　用特性选项板进行查看和修改

用“特性”（PROPERTIES）命令可查看和全方位地修改单个实体（如：直线、圆、圆弧、多段线、矩形、正多边形、椭圆、样条曲线、文字、尺寸、剖面线、图块等）的特性。该命令也可以同时修改多个实体上共有的实体特性。根据所选实体不同，AutoCAD将分别显示不同内容的“特性”选项板。

如要查看或修改一个实体的特性，一次应选择一个实体，“特性”选项板中将显示这个实体的各项特性，并可根据需要进行修改。如要修改一组实体的共有特性，应一次选择多个实体，“特性”选项板中将显示这些实体的共有特性，可修改选项板中显示的内容。

命令：

- 从工具栏上单击：“特性”按钮。
- 从键盘输入：PR。
- 快捷键输入：按下［Ctrl+1］组合键。

输入命令后，AutoCAD会立即弹出“特性”选项板。弹出选项板后，在待命状态下，直接选择所要修改的实体（实体特征点上出现彩色小方框即为选中）；也可单击“特性”选项板上部的选择对象按钮来选择实体，结束选择后“特性”选项板中将显示所选实体的特性。

在“特性”选项板中修改实体的特性，无论一次修改一个还是多个，无论修改哪一种实体，都可归纳为以下两种情况。

1. 修改数值选项的方法

（1）用“拾取点”方式修改。

单击需修改的选项行，该行最后会立即显示一个“拾取点”按钮，单击该按钮，即可在绘图区中用拖动的方法给出所选特征点的新位置，确定后即修改。

（2）用“输入一新值”方式修改。

单击需修改的选项行，激活后可输入新值，按［Enter］键确定后即修改。修改后可继续选项对该实体进行修改。

如要结束对该实体的修改，应按［Esc］键，然后可再选择其他实体进行修改或结束修改。

单击“特性”选项板上按钮，可关闭它。

说明：激活的数据行后还将显示“快速计算器”按钮器，单击它可弹出“快速计算器”对话框。

2. 修改有下拉列表框的选项

其修改方法是：先单击需要修改的选项行，再单击该行最后显示的下拉列表，从下拉列表中选取所需的选项即修改。可继续选项对该实体进行修改或按［Esc］键结束对该实体的修改。

说明：

1）“特性”选项板如果需要也可不关闭，可将该对话框移至合适的地方，它不影响其他命令的操作。

2）AutoCAD的“特性”选项板具有自动隐藏功能。

3）打开状态栏上“QP”（快捷特性）模式开关，在“命令：”状态时，选择所要查看或修改的实体，AutoCAD将在所选实体处自动弹出“快捷特性”选项板，显示所选实体的特性并可在其中进行修改。

3.3.19　用特性匹配功能进行特别修改

所谓“特性匹配”功能，就是把作为“源实体”的颜色、图层、线型、线型比例、线宽、文字样式、标注样式、剖面线等特性复制给其他的实体。如把上述特性全部复制称“全特性匹配”，如只把上述某些特性进行复制称“选择性特性匹配”。

命令：

从“标准”工具栏中单击：“特性匹配”图标按钮

从下拉菜单选取：“修改”——“特性匹配”

从键盘输入：MA

“特性设置”对话框中的默认设置为全特性匹配，即对话框中的所有选项开关均打开。如只需复制其中的某些特性，将不需要复制的特性开关关闭即可。

3.3.20　用夹点功能进行快速修改

夹点功能是用与传统的AutoCAD修改命令完全不同的方式来快速完成在绘图中常用的“拉伸”“移动”“旋转”“缩放”“镜像”命令的操作。AutoCAD 2012增加了多功能夹点，在任意一个夹点上悬停即可显示相关的编辑选项菜单，直接选项操作，可实现拉伸顶点、添加顶点、删除顶点、转换为圆弧（或转换为直线）、拉伸、拉长等快速编辑。

【项目训练】

项目训练-任务3.3答案

一、选择题

1. AutoCAD中的COPY命令（　　）。

A. 只能在同一文件中复制

B. 可以在不同文件之间复制

C. 既可以在同一文件中复制，也可以在不同文件之间复制

D. 只能将对象以块的形式进行复制

2. 用延伸（EXTEND）命令进行对象延伸时（　　）。

A. 必须在二维空间中延伸　　B. 可以在三维空间中延伸

C. 可以延伸封闭线框　　D. 可以延伸文字对象

3. 用移动（MOVE）命令把一个对象向 X 轴正向移动10个单位，向 Y 轴正向移动6个单位，输入错误的是（　　）。

A. 第一点：任意；第二点：＃10，6

B. 第一点：0，0；第二点：10，6

C. 第一点：0<0；第二点：@10，6

D. 第一点：任意；第二点：@10，6

4. 在 AutoCAD 系统中，不出现“基点”提示的命令有（　　）。

A. Move　　B. Copy　　C. Rotate　　D. Mirror

5. 在 AutoCAD 系统中，不能进行比例缩放的对象是（　　）。

A. 文字　　B. 点　　C. 图块　　D. 填充的图案

6. 用（COPY）命令复制对象时，不可以（　　）。

A. 原地复制对象　　B. 同时复制多个对象

C. 复制对象到其他文件　　D. 一次把对象复制到多个位置

7. 用缩放（SCALE）命令缩放对象时，不可以（　　）。

A. 只在 X 轴方向缩放　　B. 将参照长度缩放为指定的新长度

C. 将基点选择在对象之外　　D. 缩放小数倍

8. 下列对象执行偏移（OFFSET）命令后，大小和形状保持不变的是（　　）。

A. 圆　　B. 圆弧　　C. 椭圆　　D. 直线

9. 不能对样条曲线进行编辑的命令是（　　）。

A. 延伸　　B. 移动　　C. 修剪　　D. 镜像

10. 删除 XLINE 绘制的图像，不能采用的选择方式是（　　）。

A. 窗交（C）　　B. 窗口（W）　　C. 直接点取　　D. 圈交（CP）

11. 使用夹点编辑不可以（　　）。

A. 旋转　　B. 缩放　　C. 阵列　　D. 镜像

12. 以下哪种对象不能使用 BREAK 命令打断（　　）。

A. 椭圆　　B. 多段线　　C. 样条曲线　　D. 多线

13. 不可以分解的对象是（　　）。

A. 多段线　　B. 点　　C. 矩形　　D. 修订云线

14. 没有复制功能的命令是（　　）。

A. 镜像　　B. 缩放　　C. 旋转　　D. 拉伸

15. 一条直线与一条有宽度的多段线进行倒角（Chamfer），结果将（　　）。

A. 合并为一条没有宽度的多段线　　B. 合并为一条有宽度的多段线

C. 直线和多段线的线宽保持不变　　D. 无法倒角

16. 在用多线编辑工具时，选择“十字打开”选项，总是切断所选的（　　）。

A. 第一条多线　　B. 第二条多线　　C. 任一条多线　　D. 两条多线

17. 利用 ARRAY/R 命令创建矩形阵列，若让对象向左上方排列，则需（　　）。

A. 行偏移为正，列偏移为正　　B. 行偏移为正，列偏移为负

C. 行偏移为负，列偏移为正　　D. 行偏移为负，列偏移为负

18. 用 FILLET 命令创建圆角时，以下说法不正确的是（　　）。

A. 圆角半径可以为零

B. 两圆弧间可以创建圆角

C. 两多行线之间可以创建圆角，且创建圆角后仍为多行线

D. 直线与多段线之间可以创建圆角

19. 用圆角命令进行圆角操作时（　　）。

A. 不能对多段线对象进行圆角　　B. 不可以对样条曲线对象进行圆角

C. 不能对文字对象进行圆角　　D. 不能对三维实体对象进行圆角

20. 拉伸命令“Stretch”拉伸对象时，不能（　　）。

A. 把圆拉伸为椭圆　　B. 把正方形拉伸成长方形

C. 移动对象特殊点　　D. 整体移动对象

21. 直线 *AB*、*CD* 是两条不平行的二维直线，又不相交，用（　　）命令可使它们自动延长相交。

A. Move　　B. Extend　　C. Fill　　D. Trim

22. 要应用镜像（Mirror）命令镜像文字后使文字内容仍保持原来排列方式，则应先使 Mirrtext 的值设为（　　）。

A. 0　　B. 1　　C. ON　　D. OFF

23. 在下列命令中，含有“倒角”项的命令是（　　）。

A. 多边形　　B. 矩形　　C. 椭圆　　D. 样条曲线

24. 在修改编辑时，只以采用交叉窗口或交叉多边形选取的编辑命令是（　　）。

A. 拉长　　B. 延伸　　C. 比例　　D. 拉伸

25. 下列线型命令中，含有“偏移”项的命令是（　　）。

A. 直线　　B. 构造线　　C. 多段线　　D. 多线

26. 一组同心圆可由一个已画好的圆用命令（　　）来实现。

A. STRETCH（伸展）　　B. MOVE（移动）

C. EXTEND（延伸）　　D. OFFSET（偏移）

27. 用对象捕捉 OSNAP 方式捕捉圆周或圆弧上的切线点用（　　）捕捉方式

A. 圆心 CENTER　　B. 中点 MIKPOINT

C. 切点 TANGENT　　D. 象限点 QUADRANT

28. 倒圆角的命令是（　　）。

A. CHAMFER　　B. FILLET　　C. TRIM　　D. SCALE

29. 在 CAD 中绘制已知直线的平行线用什么命令（　　）。

A. 移动　　B. 镜像　　C. 偏移　　D. 旋转

30. 下面的各选项都可以绘制圆弧，除了哪一项不行（　　）?

A. 起点、圆心、终点　　B. 起点、圆心、方向

C. 圆心、起点、长度　　D. 起点、终点、半径

31. 在 AutoCAD 中，可以被打断的对象有圆、直线、射线和以下哪几种对象（　　）。

A. 圆弧　　B. 构造线　　C. 样条曲线　　D. 多段线

32. 样条曲线能使用下面的（　　）命令进行编辑。

A. 分解　　B. 删除　　C. 修剪　　D. 移动

二、判断题

1. 必须先选择 AutoCAD 编辑命令，再选择对象。(　　)

2. AutoCAD 系统中，在对图形进行拉伸时，原图形的大小和形状不一定都发生变化。(　　)

3. 圆角（FILLET）命令可用于两条相互平行的直线。(　　)

4. 在 AutoCAD 中，不封闭的边界不能转化为多段线。(　　)

5. 用多段线编辑（PEDIT）命令可以将一条直线变为一条多段线。(　　)

6. 移动（MOVE）对象时给定基点坐标是“5，－8”，要求指定第二点时直接回车，则对象向右移动 5 个单位，向下移动 8 个单位。(　　)

7. 用“FILLET”命令创建圆角时半径可以是 0。(　　)

8. 用 OFFSET 命令偏移得到的对象是和源对象形状大小相同的对象。(　　)

【技能训练】

常用命令快捷方式

1. 绘图命令

PO	点	SPL	样条曲线	DO	圆环	B	块定义
L	直线	POL	正多边形	EL	椭圆	I	插入块
XL	射线	REC	矩形	REG	面域	W	定义块文件
PL	多段线	C	圆	T	多行文本	H	填充
ML	多线	A	圆弧	P	平移	DIV	等分

2. 编辑命令

CO	复制	M	移动	S	拉伸	BR	打断	DRA	半径标注
MI	镜像	E	删除	EL	椭圆	CHA	倒角	DDI	直径标注
AR	阵列	X	分解	REG	面域	F	倒圆角	DAN	角度标注
O	偏移	TR	修剪	PE	多段线编辑	DCE	中心标注	DCO	连续标注
RO	旋转	EX	延伸	SC	比例缩放	ED	修改文本	DOR	点标注
D	标注样式	DBA	基线标注	DLI	直线标注	DAL	对齐标注	LE	快速引出标注

3. 常用三维命令

拉伸：EXT 旋转：REV 放样：LOFT 长方体：BOX 扫掠：SWEEP

球体：SPHERE 圆柱体：CYLINDER 圆锥体：CONE 楔体：WEDGE

编辑练习

项目4　水　　闸

项目4
课程导学

【知识目标】

1. 了解水闸功用与组成
2. 熟悉读图的步骤
3. 熟悉绘图报告的书写
4. 抄绘二维图形
5. 准确识读水闸结构图

【能力目标】

1. 能用制图标准抄绘水闸二维结构图
2. 能根据水闸二维结构进行三维建模

任务4.1　水利工程图的表达方式

水利工程图
的表达方法

【任务目标】

1. 了解水利工程图的表达方式
2. 能区分不同的表达方式

4.1.1　基本表达方法

1. 视图的名称及作用

（1）平面图。

俯视图一般称为平面图。它表达建筑物的平面形状及布置，表明建筑物的平面尺寸（长、宽）及平面高程、剖视图（断面图）的剖切位置及投影方向。

（2）剖视图。

在水利工程图中，当剖切面平行于建筑物轴线或顺河流流向时，称为纵剖视图，当剖切面垂直于建筑物轴线或河流流向时，称为横剖视图。

剖视图表达建筑物的内部结构形状及位置关系，表达建筑物的高度尺寸及特征水位，表达地形、地质情况及建筑材料。

（3）立面图。

正视图、左视图、右视图、后视图可称为立面图或立视图。当视向与水流方向有关时，视向顺水流方向所得立面图，称为上游立面（或立视）图；视向逆水流方向时，称为下游立面（或立视）图。立面图主要表达建筑物的立面外形。

（4）断面图。

水工图中多采用移出断面，主要表达建筑物组成部分的断面形状、建筑材料及尺寸大小。

(5) 详图。

将建筑物的部分结构用大于原图形所采用的比例画出的图形，称为详图。详图可画成视图、剖视图、断面图，它与被放大部分的表达方式无关。其标注形式为：在被放大部分处用细实线画小圆圈，并标注字母。详图用相同的字母标注其图名，并注写比例。

2. 视图的选择及配置

平面图是一个比较重要的视图。绘制挡水建筑物如挡水坝、水电站等的平面图时，应使水流方向为自上而下，并画水流方向符号；绘制过水建筑物如水闸、涵洞等的平面图时，应使水流方向从左向右。对于河流规定视向顺水流方向时，左边为左岸，右边为右岸。

为便于读图，各视图应尽可能按投影关系配置，但由于建筑物的大小不同，为了合理利用图纸，允许将某些视图配置在图幅内的适当地方。对大型或较复杂的建筑物，也可将每个视图分别画在单独的图纸上。

3. 视图名称及比例的标注

水工图中应将各视图的图名注写在对应图形的上方，并在图名下方画一粗横线。当整张图纸中只用一种比例时，比例应注写在标题栏中，否则按如下形式注写：

平面图 1∶200　或　　平面图
　　　　　　　　　　1∶200

按以上形式注写时，比例的字高应比图名的字高小一号或二号。

当一个视图中的铅垂和水平两个方向采用不同比例时，应分别标注纵横比例，但两个比例不宜超过5倍。

4. 水工图中常用的符号

(1) 图样中表示水流方向的箭头符号，有如图4.1 (a)、(b)、(c) 所示三种式样供选用。其图线宽可取为0.35～0.5mm，B 可取为10～15mm。

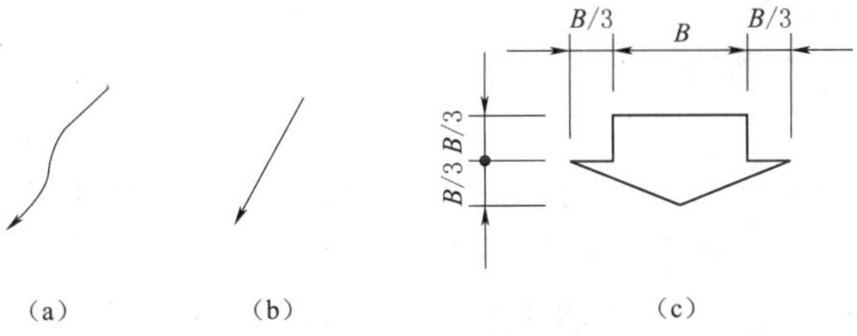

图4.1　水流方向的箭头符号图

(2) 平面图中指北针有如图4.2 (a)、(b)、(c) 所示三种式样供选用，其位置一般在图的左上角或右上角。图线宽可取0.35mm，粗线宽可取为0.5～0.7mm，B 可取为16～20mm。

(3) 图形的对称符号应按图4.3所示式样用细实线绘制。对称线两端的平行线长度为6～8mm，平行线间距可取为2～3mm，刚距端点为3mm。

(4) 图形的连接符号可用细实线表示，图形的连接用细实线表示的，细实线两端靠

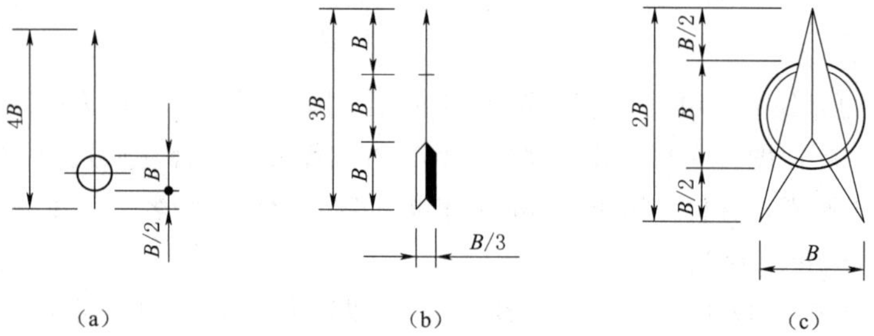

图 4.2　指北针符号

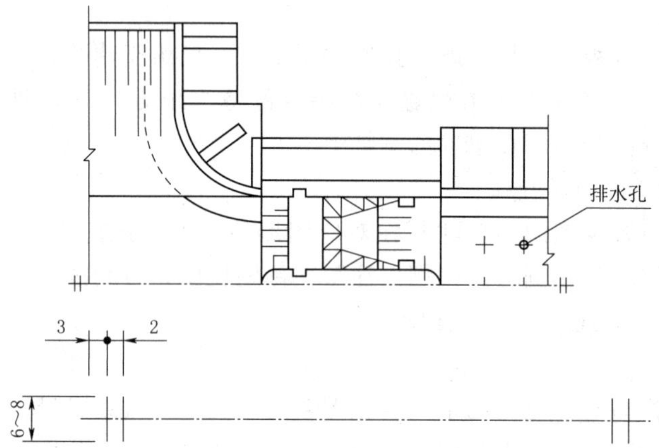

图 4.3　对称画法

图形一侧的大写拉丁字母表示连接编号，两个被连接的图形应采用相同的字母编号。

5. 文字说明

水工图中可有必要的文字说明，文字应简明扼要，正确表达设计意图，其位置宜放在图纸的右下方或适当位置。

4.1.2　规定画法和习惯画法

1. 展开画法

当构件或建筑物的轴线（或中心线）为曲线时，可将曲线展开成直线后，绘制成视图、剖视图和断面图。这时，应在图名后注写“展开”二字，或写成“展视图”。展开的方法是：先把柱面后面的建筑物投射到柱面上，投射方向一般为径向（投射线与柱面正交）。对于其中的进水闸，投射线平行于闸的轴线，以便真实反映闸墩及闸孔的宽度，然后将柱面展开成平面，即得 $A—A$（展开）剖视图，如图 4.4 所示。

2. 省略画法

当图形对称时，可以只画对称的一半，但须在对称线上加注对称符号。

3. 简化画法

（1）对于图样中的一些细小结构，当其成规律地分布时，可以简化绘制，如排水孔。

（2）图样中的某些设备（如闸门启闭机、发电机、水轮机调速器、桥式起重机）可以简化绘制。

4. 拆卸画法

当视图、剖视图中所要表达的结构被另外的结构或填土遮挡时，可假想将其拆掉或掀掉，然后进行投影。图 4.5 所示平面图中，对称线上半部的一部分桥面板及胸墙被假想拆卸，填土被假想掀掉。

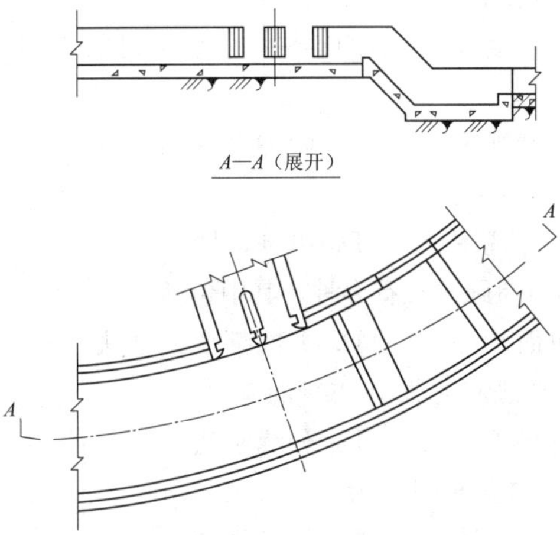

图 4.4　展开画法

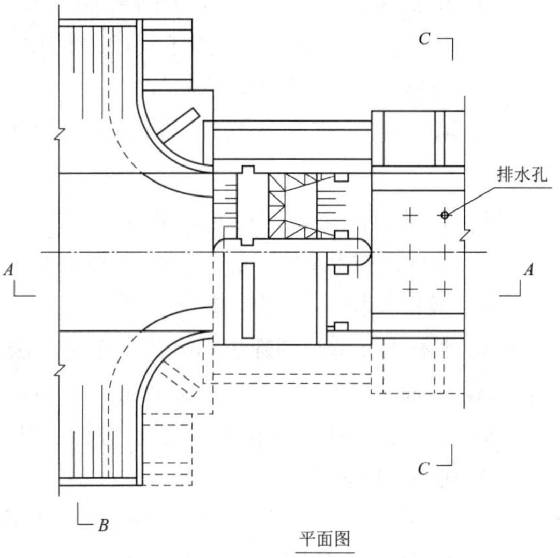

图 4.5　平面图

5. 合成视图

对称或基本对称的图形，可将两个相反方向的视图或剖视图或断面各画对称的一半，并以对称线为界，合成一个图形，称为合成视图。

6. 分层画法

当结构有层次时，可按其构造层次分层绘制，相邻层用波浪线分界，并可用文字注写各结构的名称。分层画法可理解为分层局部剖切的局部剖视图。

7. 连接画法

当图形较长时，可将其分成两部分绘制，再用连接符号相连，并用大写拉丁字母编号，这种画法称为连接画法。

8. 断开画法

对于较长的构件或建筑物，当沿长度方向的形状不变，或按一定的规律变化时，可以断开绘制，这种画法称为断开画法。必须注意连接画法与断开画法的区别。

注意：对原来倾斜的直线当采用断开画法后要相互平行，且按全长尺寸标注。

【项目训练】

项目训练-任务 4.1 答案

1. 国标规定水工建筑图中应该用粗实线绘制的还有（　　）。

A. 结构缝　　B. 温度缝　　C. 沉陷缝　　D. 防震缝

2. 隧洞、渠道、溢洪道等建筑物的纵剖视或纵剖面图，可在图形的下方列表注写沿轴线的内容有（　　）。

A. 桩号　　B. 高程　　C. 标号　　D. 高差

3. 在水工图中，溢流坝剖面的轮廓线一般由下列哪些线段构成（　　）。

A. 直线　　B. 圆弧

C. 非圆曲线（用描点法绘制）　　D. 双点划线

4. 针对水工图的平面图而言，垂直土坝轴线剖切得到的剖面图是（　　）。

A. 横剖视图　　B. 纵剖视图　　C. 纵剖面图　　D. 横剖面图

5. 下游立面图中，平板闸门示意图中的"×"是（　　）。

A. 虚线　　B. 细实线　　C. 粗实线　　D. 双点画线

6. 两个视向相反且对称的视图或剖视图，各画一半组合在一起得到的图形是（　　）。

A. 合成视图　　B. 半剖视图　　C. 纵剖视图　　D. 阶梯剖视图

7. 平行于建筑物轴线得到的剖视图称为（　　）。

A. 横剖视图　　B. 横剖面图　　C. 纵剖视图　　D. 纵剖面图

8. 水利工程图的特殊表示方法（规定画法和习惯画法）有多种，其中包括（　　）。

A. 柱面素线画法　B. 分层画法　　C. 扭面画法　　D. 方圆渐变面画法

9. 不属于水利工程图特殊表示方法（规定画法和习惯画法）的是（　　）。

A. 展开画法　　B. 拆卸画法　　C. 连接画法　　D. 分缝画法

10. 在水工图中，将视向顺水流方向所得到的立面图称为（　　）。

A. 上游立面图　　B. 下游立面图　　C. 合成视图　　D. 纵剖视图

11. 水闸的平面图以对称线为界只画一半采用的是（　　）。

A. 示意画法　　B. 省略画法　　C. 简化画法　　D. 连接画法

12. 剖面符号的线型（　　）。

A. 只有斜线为粗实线　　B. 均为粗实线

C. 只有斜线为细实线　　D. 均为细实线

13. 土石坝断面图中筑坝材料的分区线，应用（　　）绘制，并注明各分区材料名称。

A. 粗实线　　B. 细实线　　C. 中粗线　　D. 点划线

14. 渠道、堤防等建筑物断面中的填料，防渗及护坡结构的分区应用（　　）绘制。

A. 粗实线　　B. 中粗线　　C. 细实线　　D. 点划线

15. 水闸、船闸等过水建筑物的进出口处两侧的导水墙称为（　　）。

A. 胸墙　　B. 翼墙　　C. 挡土墙　　D. 围堰

任务4.2　水利工程图的尺寸注法

水利工程图的尺寸

【任务目标】

1. 了解水利工程图的尺寸注法

2. 能读懂水利工程图的尺寸

4.2.1 标高的注法

标高由标高符号和标高数字两部分组成。

1. 标高符号

(1) 在立面图和铅垂方向的剖视图、断面图中，标高符号一般采用45°等腰直角三角形，用细实线绘制，其高度（h）宜采用标高数字的高度，即符号与数字同高。标高符号的尖端向下指，也可向上指，但尖端必须与被标注高度的轮廓线或引出线接触。标高数字应注写在标高符号的右边。

(2) 在平面图中，标高符号是采用细实线绘制的矩形线框，矩形线框的长、宽比约为2∶1（适当时也可按数字的排列长度取长、宽比为3∶1），标高数字注写在其中。当图形较小时，可将符号引出绘制。

2. 标高数字

(1) 单位：标高数字以m为单位，注写到小数点以后第三位，在总布置图中，可注写到小数点以后第二位。

(2) 形式：零点标高注成±0.000或±0.00；正数标高数字前一律不加“+”号，负数标高数字前必须加注“－”号。

3. 水面标高（简称水位）

(1) 水位符号：水面标高的注法与立面图中标高注法类似，不同之处是需在水面线以下绘三条渐短的细实线。

(2) 特征水位：特征水位应在标注水位的基础上加注特征水位名称，如“正常蓄水位”。

4.2.2 高度的注法

水工图中铅垂方向的尺寸可以只注标高，也可以既注标高又注高度。在标注高度尺寸时，其尺寸一般以建筑物的底面为基准，因为建筑物都是由下向上修建的，以底面作为高度基准，便于随时测量与检验。

4.2.3 水平尺寸的注法

标注水平尺寸的关键在于选好基准。当建筑物在长度或宽度方向对称时，应以对称轴线（或中心线）为基准，进水闸的宽度方向即以对称轴线作为尺寸基准。当建筑物的某一方向无对称轴线时，则以建筑物的主要结构的端面为基准，进水闸长度方向即以闸室底板上游端面为基准。

4.2.4 桩号的标注

河道、渠道及隧洞等建筑物的轴线、中心线长度方向的定位尺寸，可采用“桩号”的方法进行标注。

(1) 桩点的标注形式：标注形式为k±m，k为千米数，m为米数。起点桩号标成0+000；起点桩号之前（与桩号的尺寸数字增加的方向相反）标注成k－m，如0－020；起点桩号之后标注成k＋m，如0＋043.000，表示该桩号距起点桩号为43m；0+060.000，表示该桩号距起点桩号为60m，两桩号之间相距17m。

(2) 桩号的数字注写：桩号数字一般垂直于定位尺寸方向或轴线方向注写，且标注在其同一侧；当轴线为折线时，转折点处的桩号数字应重复标注；当平面轴线为曲线时，桩号沿径向设置，桩号数字应按弧长注写。当同一图中几种建筑物均采用“桩号”标注时，可在桩号数字前加注文字以示区别，如“支 0＋018.320”，即表示支线上该桩号距起点桩号为28.32m（包含弧长）。

4.2.5 曲线的尺寸注法

1. 连接圆弧的尺寸注法

连接圆弧需标出圆心、半径、圆心角、切点、端点的尺寸，对于圆心、切点、端点除标注尺寸外，还应注上高程和桩号。

2. 非圆曲线的尺寸注法

非圆曲线（如溢流坝面）一般用非圆曲线上各点的坐标来表示。

4.2.6 简化注法

（1）多层结构尺寸的注法。注多层结构的尺寸时可用引线引出，引出线必须垂直通过被引的各层，文字说明和尺寸数字应按结构的层次注写。

（2）均匀分布的相同构件或构造，其尺寸可简化标注。如某进水闸结构图，平面图中的尺寸“7×800”，表示排水孔横向间距有7个，间距值为800mm。

另外，由于水工建筑物的施工是分段进行的，因此水工图中要求注出各分段尺寸，并且还要标注总体尺寸，这样形成的封闭尺寸链不仅允许而且需要。当同一建筑物的几个视图在不同的图纸上时，为了便于读图也允许标注重复尺寸。

任务4.3 水利工程图的识读

【任务目标】

1. 了解水利工程图的表达方式并且能区分

4.3.1 读图的目的和要求

读图的目的是了解工程设计的意图，以便按照设计的要求组织施工、验收及管理。

通过读图必须达到下列基本要求：

（1）了解水利枢纽所在地的地形、地理方位和河流的情况以及组成枢纽的各建筑物的名称、作用和相对位置。

（2）了解各建筑物的结构、形状、尺寸、材料及施工的要求和方法。

提高识读水工图的能力对于学习专业课乃至从事工程技术工作都有重要意义。为了培养和提高识读水工图的能力，还必须掌握一定的专业知识，并在工程实践中继续巩固和逐渐提高。

4.3.2 读图的步骤和方法

识读水工图个般是由枢纽布置图看到建筑物结构图；由主要结构看到次要结构；由大轮廓看到小构件。对于建筑物结构图应采用“总体→局部→细部→总体”的循环过程。

具体步骤如下：

1. 概括了解

阅读标题栏及有关说明，了解建筑物的名称、作用、制图比例、尺寸单位及施工要求等内容。

2. 分析视图

从视图表达方法人手，分析采用了哪些视图、剖视、断面和详图等，了解剖视、断面的剖切位置及投射方向，确定详图表达的部位和各视图的大概作用。

3. 分析形体

所谓分析形体就是将建筑物分解为几个主要部分来逐一识读。分解时应考虑建筑物的结构特点，有些建筑物可沿水流方向分段（如涵洞、水闸等），有些可沿高度分层（如水电站），有些还可按地理位置或结构分为上、下游，左、右岸，以及外部和内部等，读图时须灵活运用。

读图过程中应注意将几个视图或几张图纸联系起来同时阅读，不可只盯住一个视图或一张图纸，只有灵活运用读图的方法，才易读懂工程图样。

任务4.4 水 闸 的 识 读

【任务目标】

1. 了解水利工程图的分类并且能区分

水闸概述

4.4.1 水闸的功用及组成

水闸是一种具有挡水和泄水双重作用的低水头水工建筑物。水闸的功用与其所承担的任务有关，根据其所承担的任务可以分为进水闸、节制闸、排水闸、分洪闸、泄水闸、挡潮闸、排沙闸等，如图4.6所示，但所有类型的水闸运用都是为了控制流量、调节水位，这两种功能的实现靠水闸的挡水和泄水实现。水闸设有可以启闭的闸门，关闭闸门壅高水位；开启闸门，降低闸前水位；调节闸门开启的高度，可以控制过闸流量。

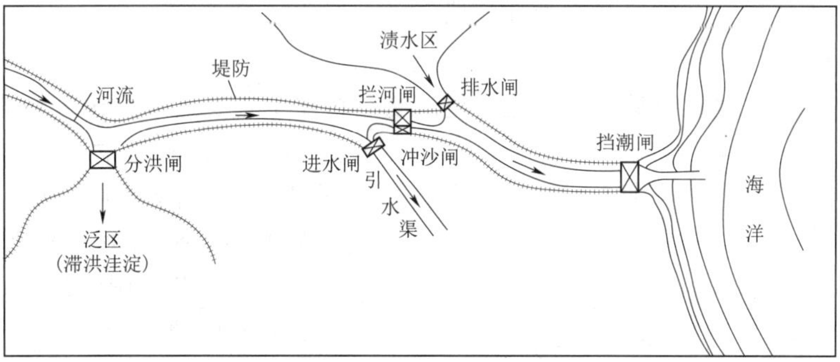

图4.6 水闸分类示意图

水闸主要有上游连接段、闸室段和下游连接段组成，如图4.7所示。

(1) 上游连接段。上游连接段位于河流与闸室之间，作用是引导水流平顺地进入闸室，并防止水流冲刷河床。上游连接段主要有上游块石护底、铺盖及上游翼墙等

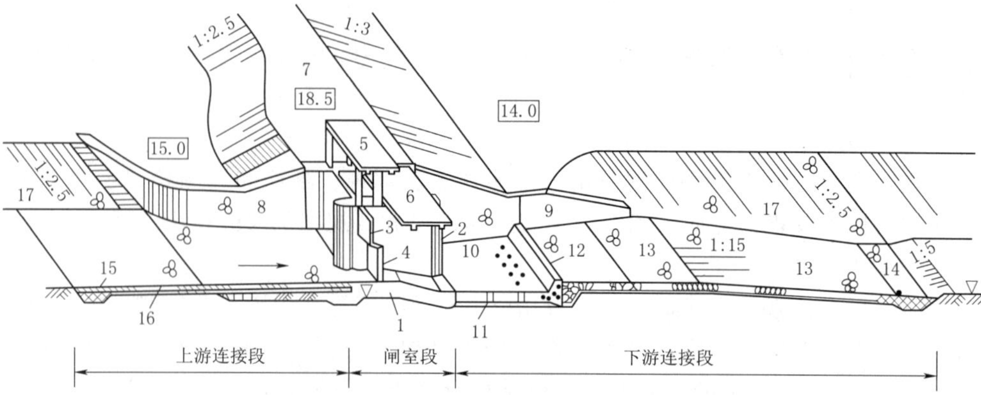

图 4.7　水闸的组成

1—闸室底板；2—闸墩；3—胸墙；4—闸门；5—工作桥；6—交通桥；7—堤顶；8—上游翼墙；9—下游翼墙；10—护坦；11—排水孔；12—消力坎；13—海漫；14—下游防冲槽；15—上游防冲槽；16—上游护底；17—上、下游护坡

组成。

（2）闸室段。闸室是水闸的主要组成部分，通过关闭和开启闸门来调节上游水位和过闸水流的流量。闸室的结构比较复杂，闸室段主要有底板、闸墩、边墩、闸门、交通桥、排架、工作桥等组成。

（3）下游连接段。下游连接段主要有两个作用，一是减小流速，消除过闸水流多余的能量，防止水流冲刷下游河道；二是改变过流断面的形状，即由矩形变成梯形，保证水流平顺地进入下游渠道。下游连接段主要由消力池护坦及边墙、海漫、下游翼墙及两岸护坡等组成。

视图

水闸识读（补充）

4.4.2　读图

1. 概括了解

阅读标题栏（图 4.8），可知建筑物名称为“进水闸”，作用是控制流量、调节水位，由上游连接段、闸室段和下游连接段三部分组成。

2. 分析视图

进水闸用一组建筑物结构图表达。建筑物结构图主要表达某一建筑物的形状、大小、构造、材料等内容，其特点是：视图种类多、比例大、表达清楚。该进水闸主要由平面图，纵剖视图，上、下游立面图和断面图组成。

进水闸结构图				
核定			（设计阶段）	设计
审查			（专业大类）	部分
校核			（工程名）	
设计				
制图			（图名）	
比例				
设计证号			图号	

图 4.8　标题栏

（1）平面图。

水闸各组成部分的平面布置情况在图 4.9 中反映的比较清楚，主要表达了各段的平面布置、平面形状，如：翼墙的布置形式、闸墩形状、门槽位置等；还表达了各段长度、高度尺寸，剖视图、断面图的标注等内容。排水孔采用了简化画法，闸室段采用了拆卸画法，翼墙采用了掀土画法。标注有剖切位置线，说明该处有剖视图或断面图。

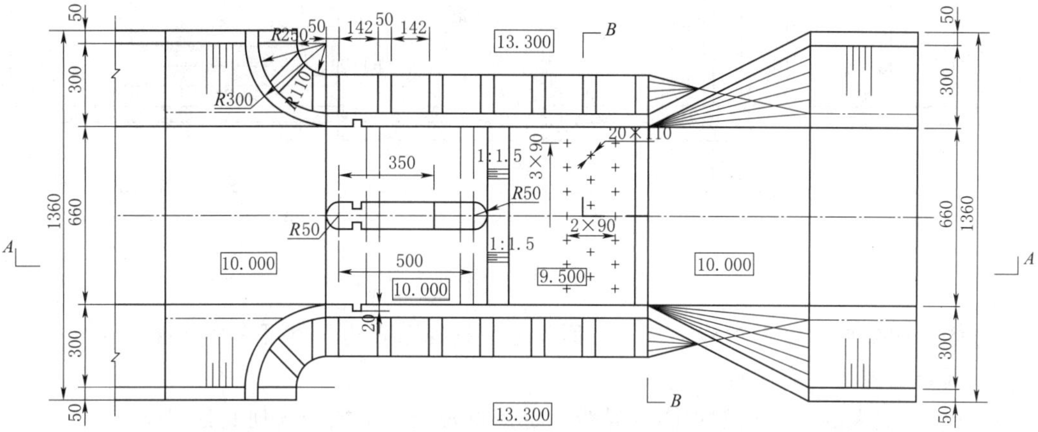

图4.9　水闸平面图

（2）$A—A$ 纵剖视图。

剖视图：用视图表达内部结构比较复杂的形体时，就会用很多虚线，虚线多了既让人难以分辨，也给尺寸标注带来了困难。剖视图主要用于表达形体内部不可见的结构，采用剖视图之后可以不用或少用虚线来表达形体的内部结构。

剖视图就是假想用剖切面剖开形体，将处在观察者和剖切面之间的部分移去，而将其余部分向投影面投影所得视图。

剖切面可以是平面，也可以是柱面，剖切面规定平行或垂直投影面。

该图采用单一全剖视图，剖切面平行于水闸轴线，通过整个水闸。

单一剖切面的全剖视就是用一个剖切面沿形体的纵向或横向剖开，所得的视图称为全剖视。全剖视适合外形简单、内部复杂，且在某个投影方向上视图不对称的形体。

剖视图1－全剖和半剖

画全剖视图时应注意：

1）完整的标注如平面图所示，剖切位置、投影方向在水平投影上，剖视图上应注写 $A—A$ 相应的编号。

2）当剖视图按投影位置配置，中间又没有其他视图隔开时，可省去投影方向。

3）如果在形体的对称平面上剖开，剖视图按投影位置配置，可省略标注。

$A—A$ 纵剖视图主要表达底板的纵断面实形，如：铺盖、闸室底板、消力池底板、海漫底板部分的断面形状，还表达了底板的构造及材料，边墙的侧立面形状，闸门槽位置及各部分的长度、高度尺寸形状等，用拆卸画法将闸室上的排架、工作桥、交通桥、闸门等拆去，用粗实线表示各种缝线。水闸纵剖视图如图4.10所示。

剖视图与剖视图的识读（课外补充）

（3）上、下游立面图。

剖视图与断面图的规定画法

半剖视：当物体具有对称平面，在垂直于对称平面的投影面上的投影，可以以中心线为界，一半画视图，另一半画成剖视图。半剖视适合于内外结构都需要表达的对

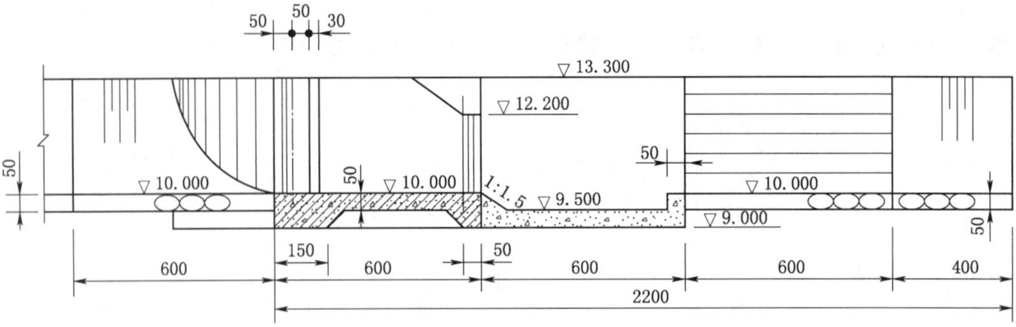

图 4.10　*A*—*A* 纵剖视图

称形体，如果形体接近对称，其不对称部分另有视图表达，也可作半剖视。

画半剖视图时应注意：

1）半剖视的视图和剖视图分界线一定是点画线，不能用任何其他线条。

2）画半剖视图时，一般在主视图、左视图中，视图在左，剖视图在右。

3）由于半剖视具有对称性，所以当视图中的虚线是剖视图上的实线，剖视图上的虚线是视图上的实线时，虚线不画。

4）当对称形体的对称面上有结构（内、外结构）轮廓线时，该形体不宜作半剖视。

半剖视的标注与全剖视相同。由于上游立面图和下游立面图是两个视向相反且对称的图形，因此各取一半画成合成视图，该图主要表达水闸进出口立面形状以及各部分的尺寸等。上、下游立面图如图 4.11 所示。

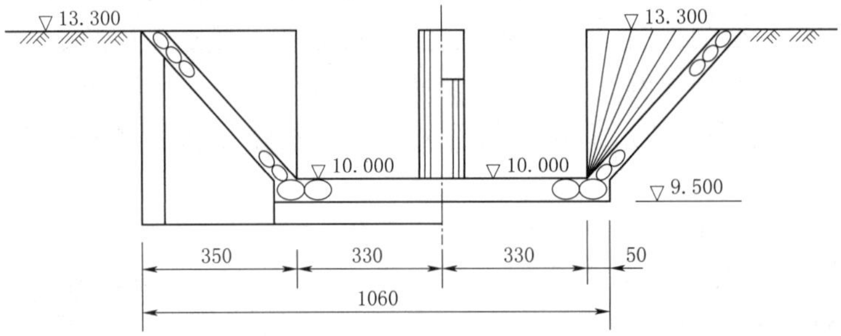

图 4.11　上、下游立面图

断面图

剖视图
1-阶梯剖

(4) 断面图。

图 4.12 没有用断面图，采用的是 *B*—*B* 阶梯剖视图，分别表达闸室、上游翼墙、消力池边墙、海曼扭面等部位的断面实形、细部构造、尺寸和材料等。

阶梯剖视：用几个相互平行的平面剖切形体所得的剖视图。

阶梯剖视适用于形体内部复杂，但要表达的结构不在同一平面内，采用几个平行平面剖切可以达到目的的情况。

画阶梯剖视图时应注意：

阶梯剖视图完整的标注如平面图所示，在剖切位置面转折处应画出剖切位置线，一般在剖切位置线的外端画出投影方向，每处注写剖切名称、符号，如果转折处位置有限，不致引起误解，允许省略字母。

阶梯剖视投影时，是将几个平行平面拉在同一个平面内投影，几个平行平面之间不应画线。

剖切位置而的转折面一般应放在实体上，且不要与形体上的任何轮廓线重合。

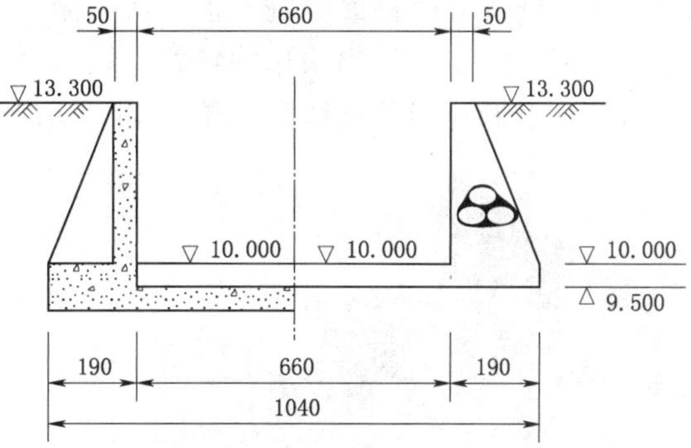

图 4.12　合成视图

阶梯剖视要表达的两个内部结构有公共的对称平面，可以以公共对称平面为界各画一半，合成一个视图，如图 4.12 所示。

阶梯剖视一般不能省略标注，但当剖视图按投影位置配置，中间没有其他视图隔开时，可以省略投影方向。

断面图：假想用剖切平面将物体切开，仅画出物体与剖切平面的接触面部分的图形，断面图与剖视图不同，断面图仅仅是一个“面”的投影，而剖视图则是形体被剖切后剩下部分的“体”的投影。所以，断面图主要是用来表达形体某处切断面的形状。如果图 4.12 中只绘制出有剖面符号的部分，剖视图就成了断面图。

3. 分析形体

因为该图主要表达进水闸各部分的形体结构，因此在读图时应以形体为主线，结合各个视图，分段、分块进行形体分析，弄清楚各部分形状、构造、尺寸、材料等内容。

对于进水闸按三段分析，一般宜从水闸的主体部分闸室开始进行分析识读。

(1) 闸室段。

首先从平面图中找出闸墩的视图。借助于闸墩的机构特点，即闸墩上有闸门槽、闸墩两端有利于分水的柱面形状，先确定闸墩的俯视图，再结合上下游立面图并结合主视图，可想象出有两个边墩和一个中墩，将闸室分为两孔。中墩厚 100cm，两端分别做成半圆柱形，两侧有闸门槽，看 A—A 剖视图，中墩下游侧有一个梯形缺口。边墩是厚 50cm 的直棱柱体，靠内侧也有一个闸门槽。从平面图和 A—A 剖视图可知：闸室底板长 600cm，厚 50cm，是前、后带齿墙的平板，其平面形状是矩形，材料为钢筋混凝土。在上、下游立面图和 A—A 剖视图上可以分别看出闸室段的立面形状和断面形状，结合 B—B 断面图可知挡土墙的形状、尺寸和材料。闸室段立体图如图 4.13 所示。

(2) 上游连接段。

顺水流方向自左向右先识读上游护坡和上游护底。将纵剖视图和上游立面图结合识读，可知上游护底为浆砌石。从平面图和 A—A 纵剖视图可知：铺盖是和闸室地板相连，铺盖靠近护底段是厚 50cm，靠近闸室地板段是厚 100cm，不带齿墙，长

600cm，宽 660cm 的钢筋混凝土板。从平面图上可以看出上游翼墙在平面上呈弧形，从 B—B 断面图可以看出采用扶壁式岸墩，材料是混凝土，并表达了翼墙与铺盖的连接构造等。上游连接段立体图如图 4.14 所示。

图 4.13　闸室段立体图

图 4.14　上游连接段立体图

（3）下游连接段。

从平面图和 A—A 剖视图可知：消力池的平面形状为矩形，长 600cm，宽 660cm 的混凝土底板。由底板和边墙形成了一个“水槽”，消力池底板顶部高程 9.500m，厚 50cm，进口端是 1∶1.5 的斜坡，尾部设有高 0.5m 的消力坎。B—B 断面图表示了消力池翼墙的断面形状和尺寸，该断面和上游连接段一样是采用扶壁式岸墩，材料是混凝土。为降低渗水压力，在消力池的底板上设有 20 个直径 10cm 的排水孔。海曼段也是矩形，翼墙扭面，B—B 断面图和上下游立面图表达了翼墙的断面实形、尺寸和材料，护坡是由浆砌块石做成的斜坡面。下游连接段立体图如图 4.15 所示。

扭曲面

4. 综合整理

根据上述形体分析，弄清水闸各部分的形状、位置关系及构造、尺寸、材料等内容，综合整理，想象出水闸的整体结构和形状，如图 4.16 所示。

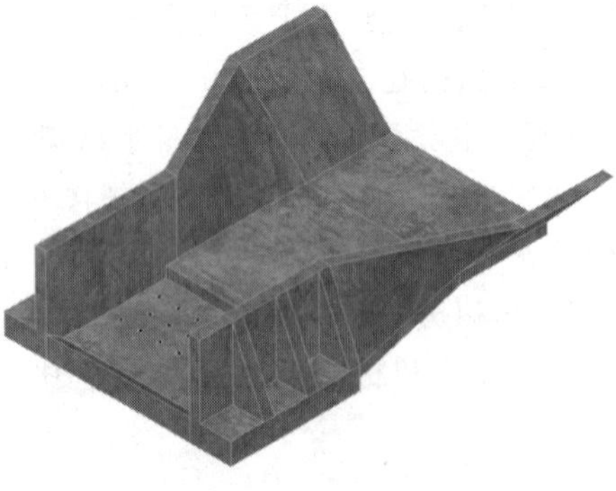

图 4.15　下游连接段立体图

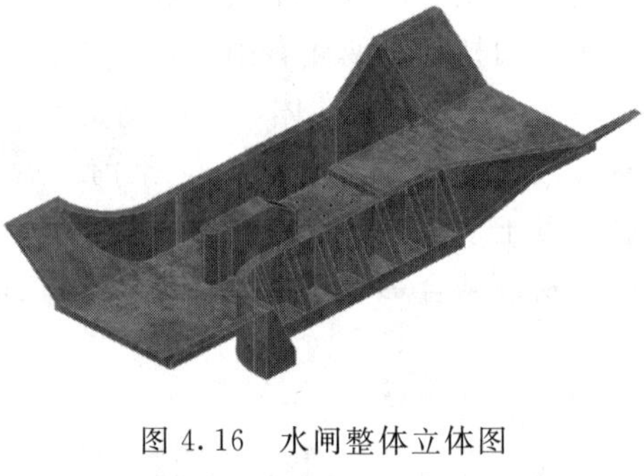

图 4.16　水闸整体立体图

5. 写读图报告

该水工建筑物名称为“进水闸”，作用是控制流量、调节水位，由上游连接段、闸室段和下游连接段三部分组成。

该进水闸左右对称，共2孔闸门，每孔净宽280cm，总宽度660cm，闸室底板长600cm，厚50cm，是前、后带齿墙的平板，其平面形状是矩形，材料为钢筋混凝土。有两个边墩和一个中墩，中墩厚100cm，两端分别做成半圆柱形，两侧有闸门槽，中墩下游侧有一个梯形缺口，边墩是厚50cm的直棱柱体，靠内侧也有一个闸门槽，材料为钢筋混凝土，采用扶壁式岸墩，材料为钢筋混凝土。

上游连接段上游护底为浆砌石，铺盖是和闸室地板相连，铺盖靠近护底段是厚50cm，靠近闸室地板段是厚100cm，不带齿墙，长600cm，宽660cm的钢筋混凝土板。上游翼墙在平面上呈弧形，采用扶壁式岸墩，材料是混凝土。

下游连接段分为消力池段和海曼段，消力池的平面形状为矩形，长600cm，宽660cm的混凝土底板，由底板和边墙形成了一个“水槽”，消力池底板顶部高程9.500m，厚50cm，进口端是1：1.5的斜坡，尾部设有高0.5m的消力坎。消力池翼墙的断面形状、尺寸和上游连接段一样是采用扶壁式岸墩，材料是混凝土，为降低渗水压力，在消力池的底板上设有20个直径10cm的排水孔。海曼段也是矩形，翼墙为扭面形状，护坡是由浆砌块石做成的斜坡面。

【项目训练】

项目训练-任务4.4答案

1. 关于局部剖视的画法，说法错误的是（　　）。

A. 局部剖视图与视图的分界线应以波浪线表示

B. 波浪线可以与图形上的其他图线重合

C. 波浪线只能画在实体处

D. 波浪线不能超出剖切范围的视图轮廓

2. 关于剖视图与断面图的正确叙述是（　　）。

A. 断面图是剖视图的一部分，有时图形是相同的

B. 剖视图是断面图的一部分，有时图形是相同的

C. 剖视图与断面图是完全不同的图形

D. 剖视图与断面图是完全一样的图形

3. 在图形表达时，杆、梁、板、柱等断面形状常采用（　　）表达。

A. 全剖面图　　B. 半剖面图　　C. 局部剖面图　　D. 断面图

4. 过水建筑物沿着平行于水流方向的轴线位置剖切得到的剖视图是（　　）。

A. 横剖视图　　B. 局部剖视图　　C. 纵剖视图　　D. 纵断面图

5. 当剖切平面通过由回转体形成的孔轴线时，或者当剖切平面通过非圆孔会导致出现完全分离的两个断面时，这些结构应按（　　）绘制。

A. 断面图　　B. 剖视图　　C. 视图　　D. 重合断面

6. 重合断面的轮廓线用（　　）绘制。

A. 粗实线　　B. 细实线　　C. 虚线　　D. 点划线

7. 局部剖视图与视图应以（　　）为分界线。

A. 波浪线　　B. 双点划线　　C. 波浪线或双折线　　D. 点划线

任务4.5　水闸的绘制

【任务目标】

1. 了解水利工程图的分类

4.5.1　水闸手工图的抄绘

1. 准备工作

(1) 熟悉资料，确定表达内容。

(2) 选择视图，确定表达方案。

(3) 选择比例，确定图幅。

(4) 合理布置各视图的位置。

各视图应尽量按投影关系配置，且要考虑水流方向等，估算各视图所占范围。

2. 绘制底稿图

(1) 选用H或2H铅笔。

(2) 画好图框，合理布图，画出各视图的作图基准线（轴线、中心线、主要轮廓线）。

(3) 画各视图的轮廓线，一般先画大的轮廓，后画细部；先画主要部分，后画次要部分；先画特征明显的视图，后画其他视图，并注意投影规律的应用。

(4) 选用H或HB铅笔，标注尺寸，注写文字说明。

(5) 画材料图例。

3. 成图

(1) 检查校核，用HB或B铅笔加深图线。

(2) 填写标题栏，画好图框线并完全成图。

4. 描图

把描图纸（透明纸或硫酸纸）覆盖在原图上用描图笔上墨，准确无误绘出原图。描图与绘图的方法步骤相同，要求既要耐心又要细致。

4.5.2　水闸CAD二维抄绘

绘图步骤与手工图步骤基本相同，不同的是电脑绘图一般先绘制图框和标题栏，图形尺寸按1∶1尺寸绘制，图形绘制完成后，缩放到合适尺寸，放入图框中，再进行材料填充、文字注写和尺寸标注。

4.5.3　水闸三维建模

(1) 水闸的识读。

(2) 一般先绘制闸室段。

1) 绘制底板。

2) 绘制中墩。

3) 绘制边墩和岸墩。

4) 合成。

(3) 绘制上游连接段。

1) 绘制铺盖、护底和护岸。

2) 绘制上游翼墙。

3) 合成。

(4) 绘制下游连接段。

1) 绘制消力池段。绘制消力池底板——绘制消力池边墙——绘制排水孔。

2) 绘制海曼段。绘制底板——绘制下游翼墙。

3) 绘制下游护岸和护底。

4) 成图。

(5) 根据图纸，进行合并，完成水闸整体三维。

【项目训练】

目的：

掌握水闸的表达方式和尺寸标注，识读水工图。

内容：

1. 抄绘图 4.17 水闸结构图

2. 根据水闸二维结构图绘制三维图形

要求：

用合适的图幅绘制水闸结构图；要求按图中标注尺寸绘制其三维图形。

步骤：

1. 读图

2. 水闸二维平面图绘制

3. 水闸三维图形绘制

4. 实训总结

二维 海漫段绘制

二维 上游连接段绘制

二维 消力池段绘制

二维 闸室段绘制

海漫标注

上游连接段标注

图形缩放

消力池标注

闸室段标注

三维 上游连接段绘制

三维 下游连接段绘制

三维 闸室段绘制

水闸 CAD 图纸

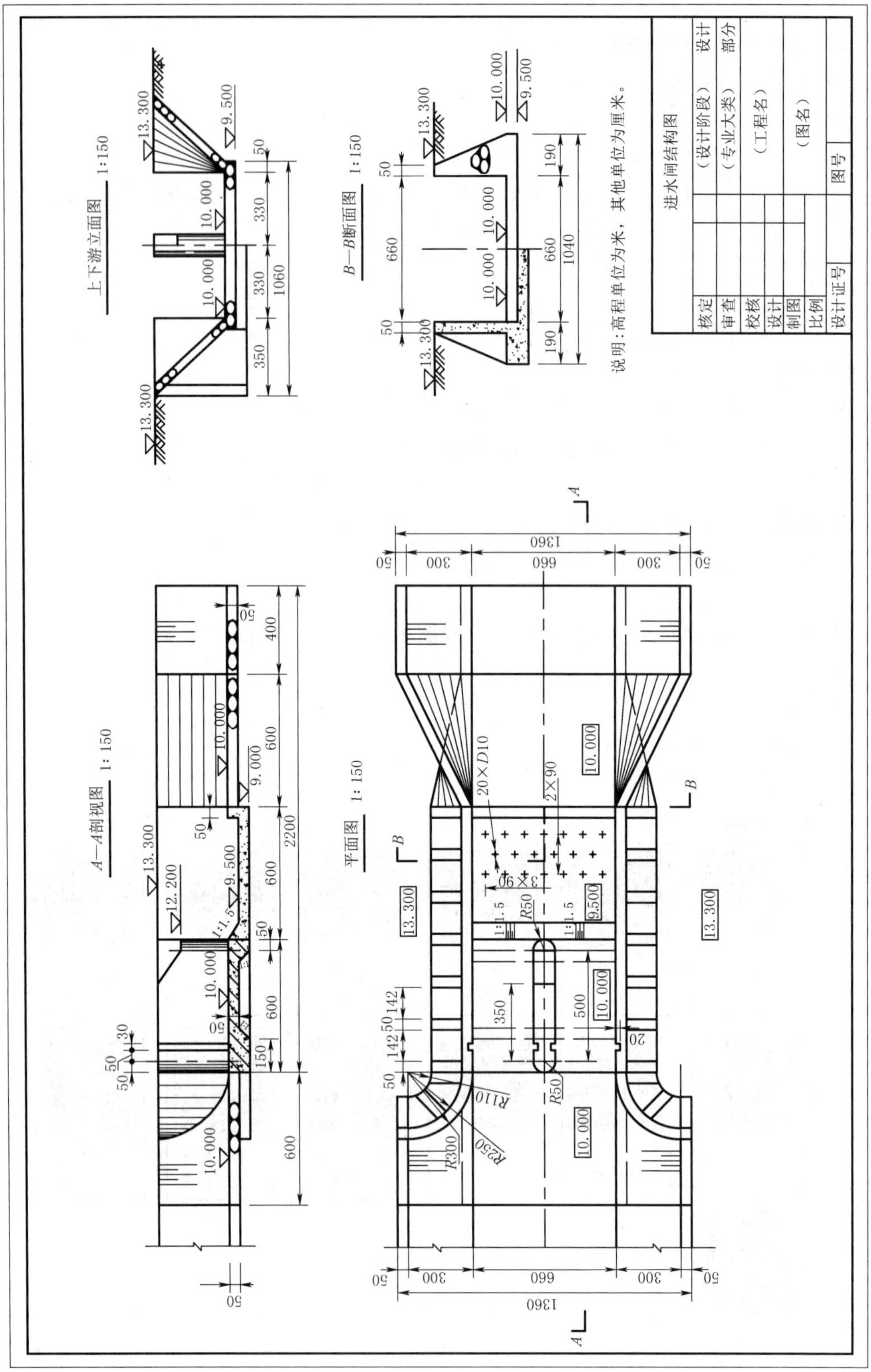
上下游立面图 1:150
B—B断面图 1:150
A—A剖视图 1:150
平面图 1:150
说明:高程单位为米，其他单位为厘米。
进水闸结构图
核定
审查
校核
设计
制图
比例
设计证号
图号
(设计阶段) 设计
(专业大类) 部分
(工程名)
(图名)

图 4.17 水闸结构图

任务4.6 水 闸 的 实 训

【任务目标】

1. 认读水闸并建模

4.6.1 整体认读水闸（图4.18和图4.19）

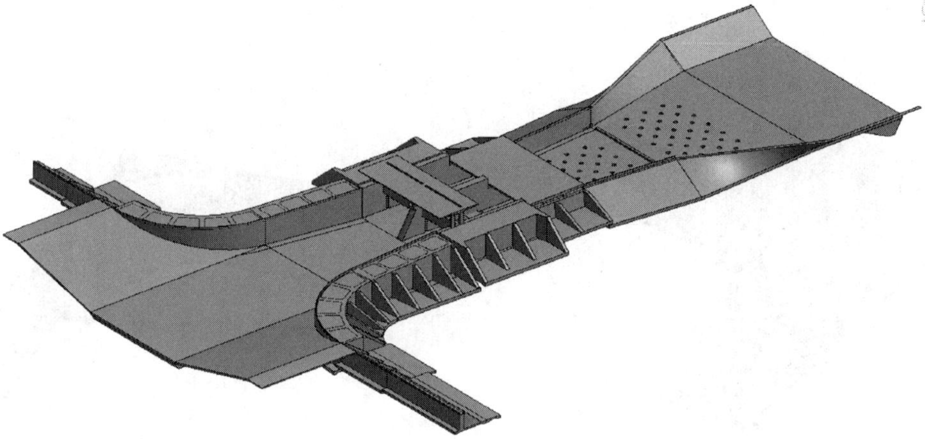

图4.18 水闸整体效果图

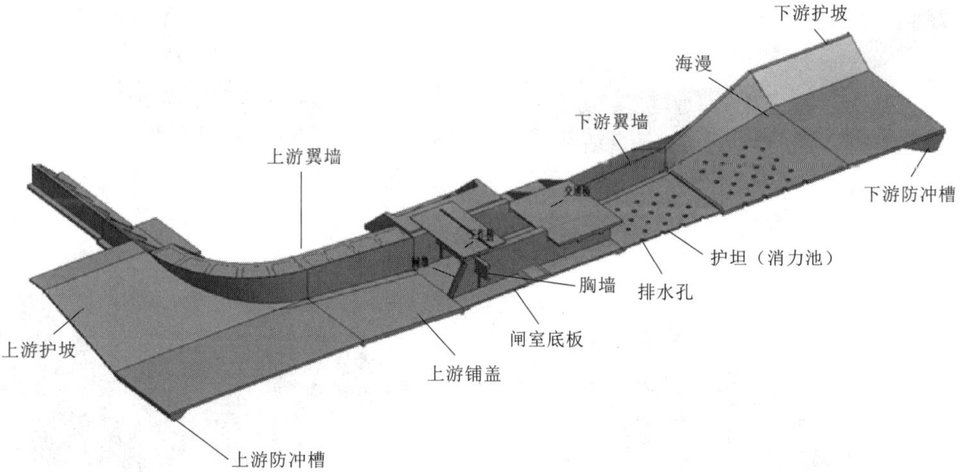

图4.19 水闸的组成

4.6.2 分部分认读水闸（图4.20～图4.22）

【项目训练】

根据给定的平面图形（图4.23～图4.25）想象空间，并进行三维建模。

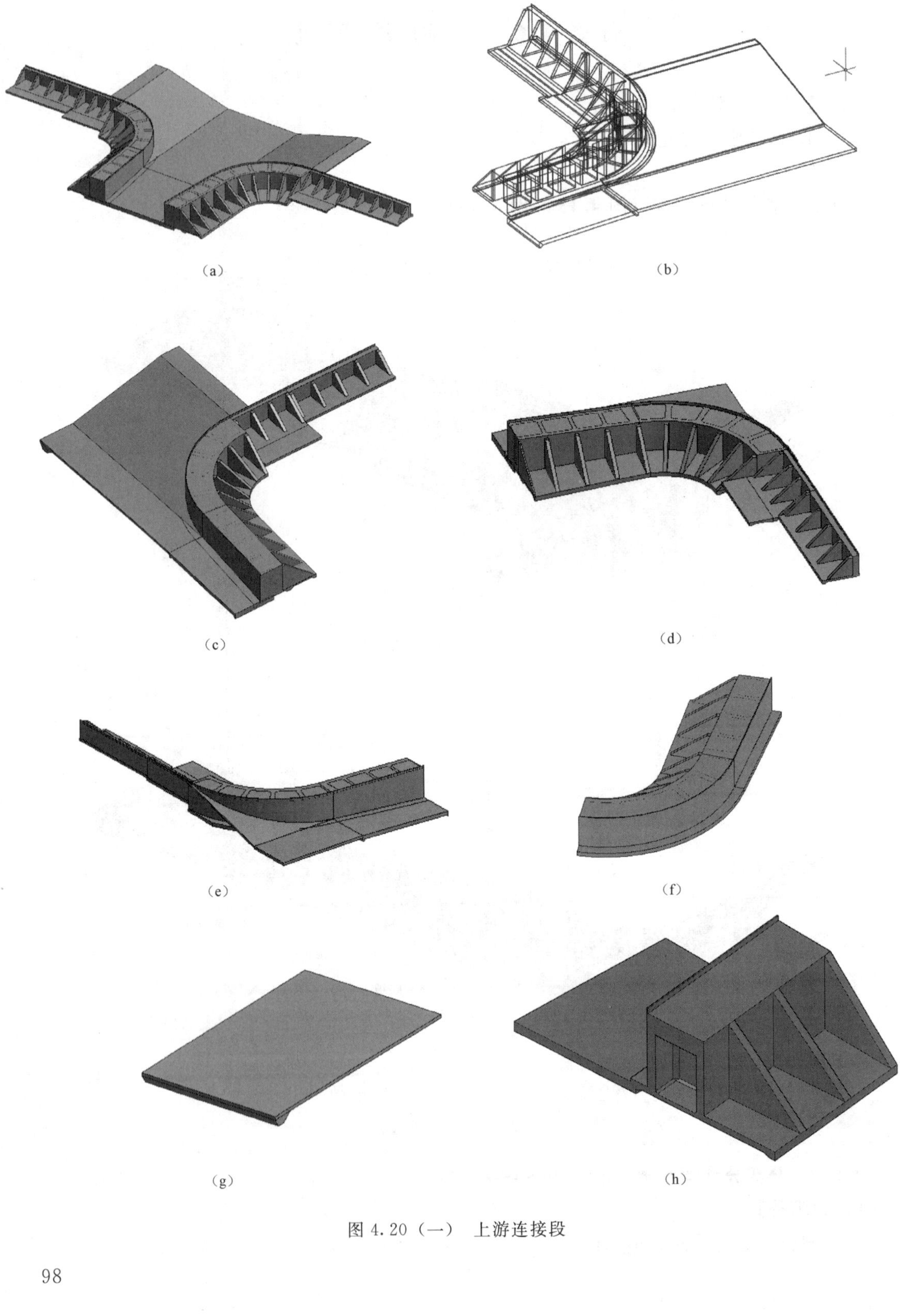

图 4.20（一） 上游连接段

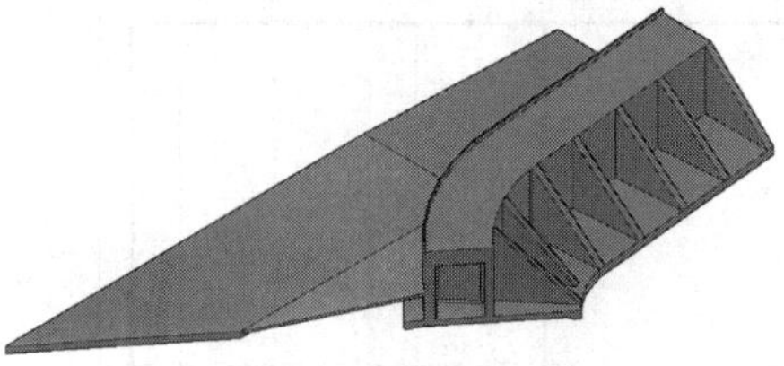

(i)

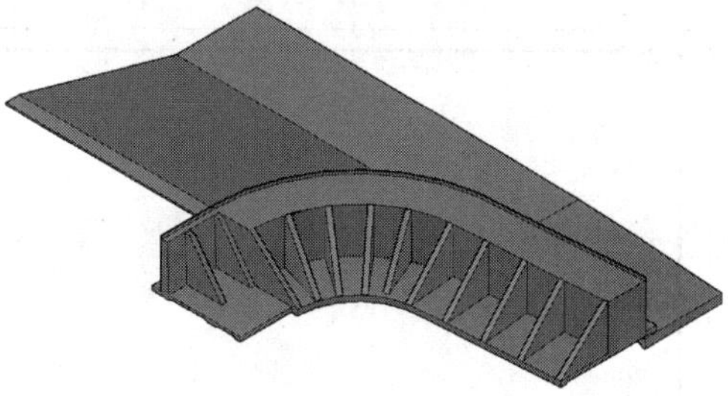

(j)

图 4.20（二） 上游连接段

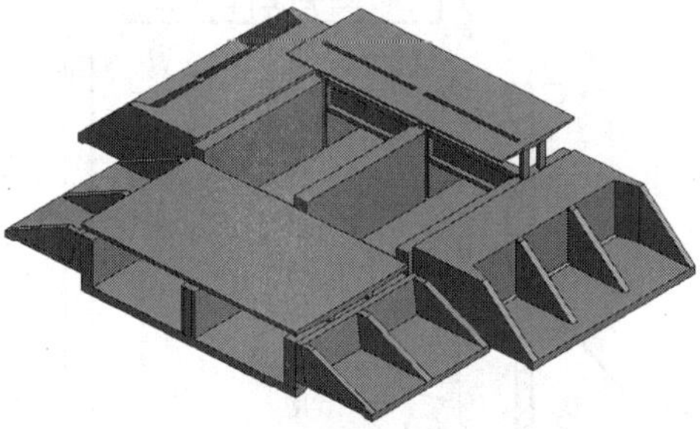

(a)

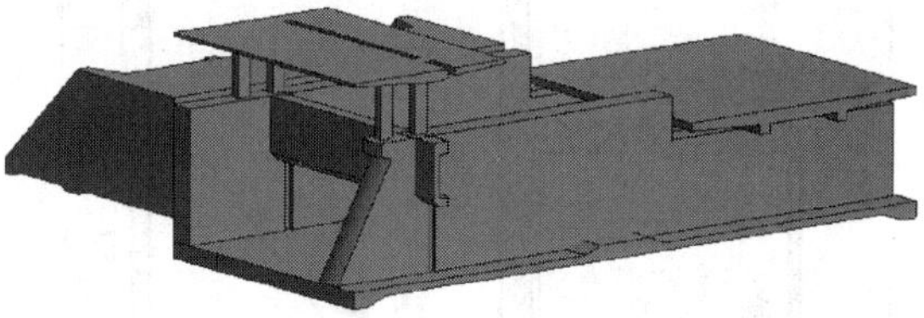

(b)

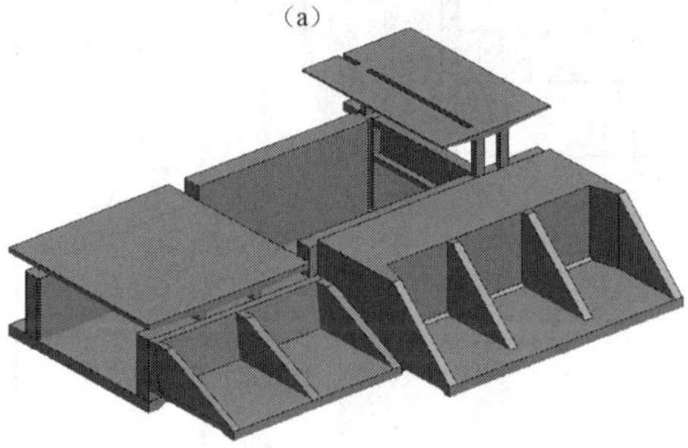

(c)

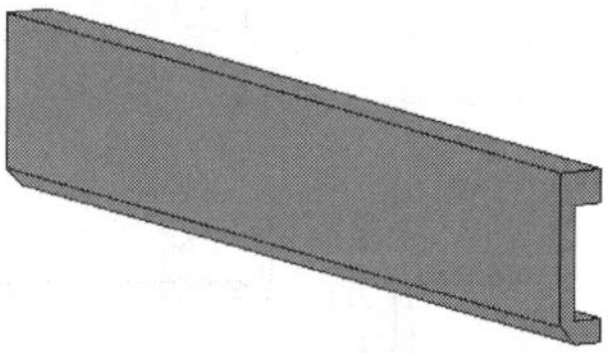

(d)

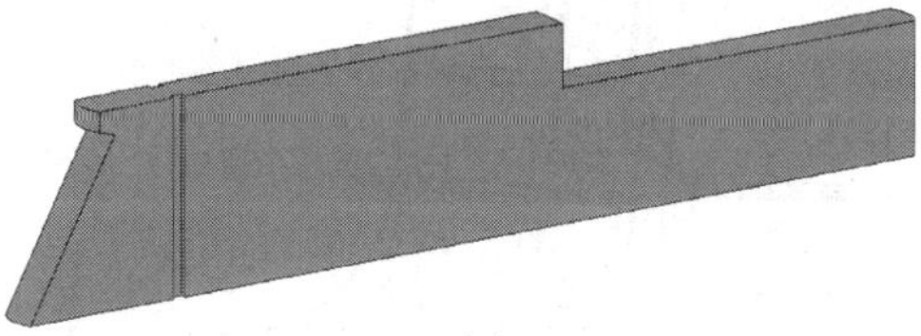

(e)

图 4.21 闸室段

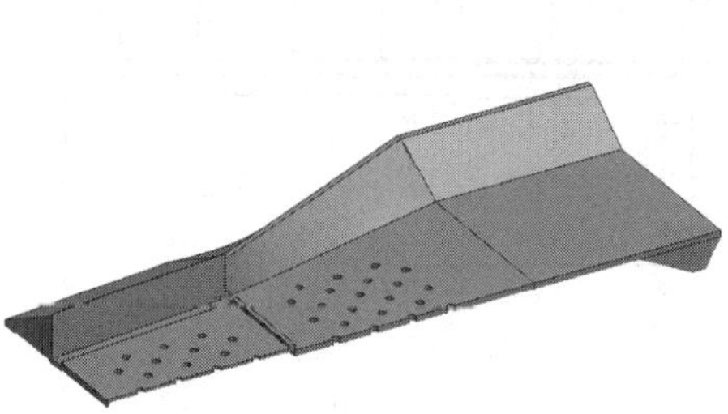

(a)

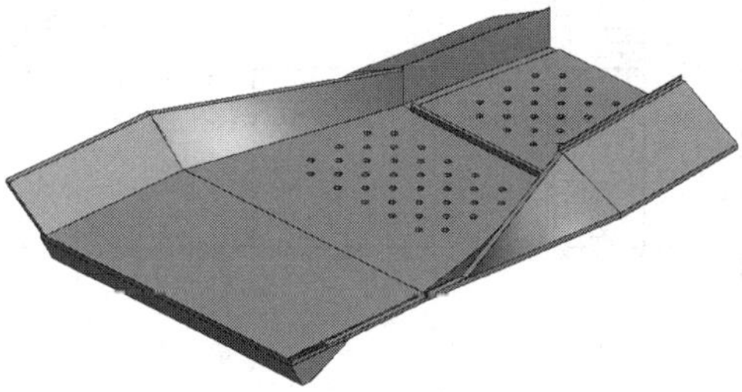

(b)

图 4.22 下游连接段

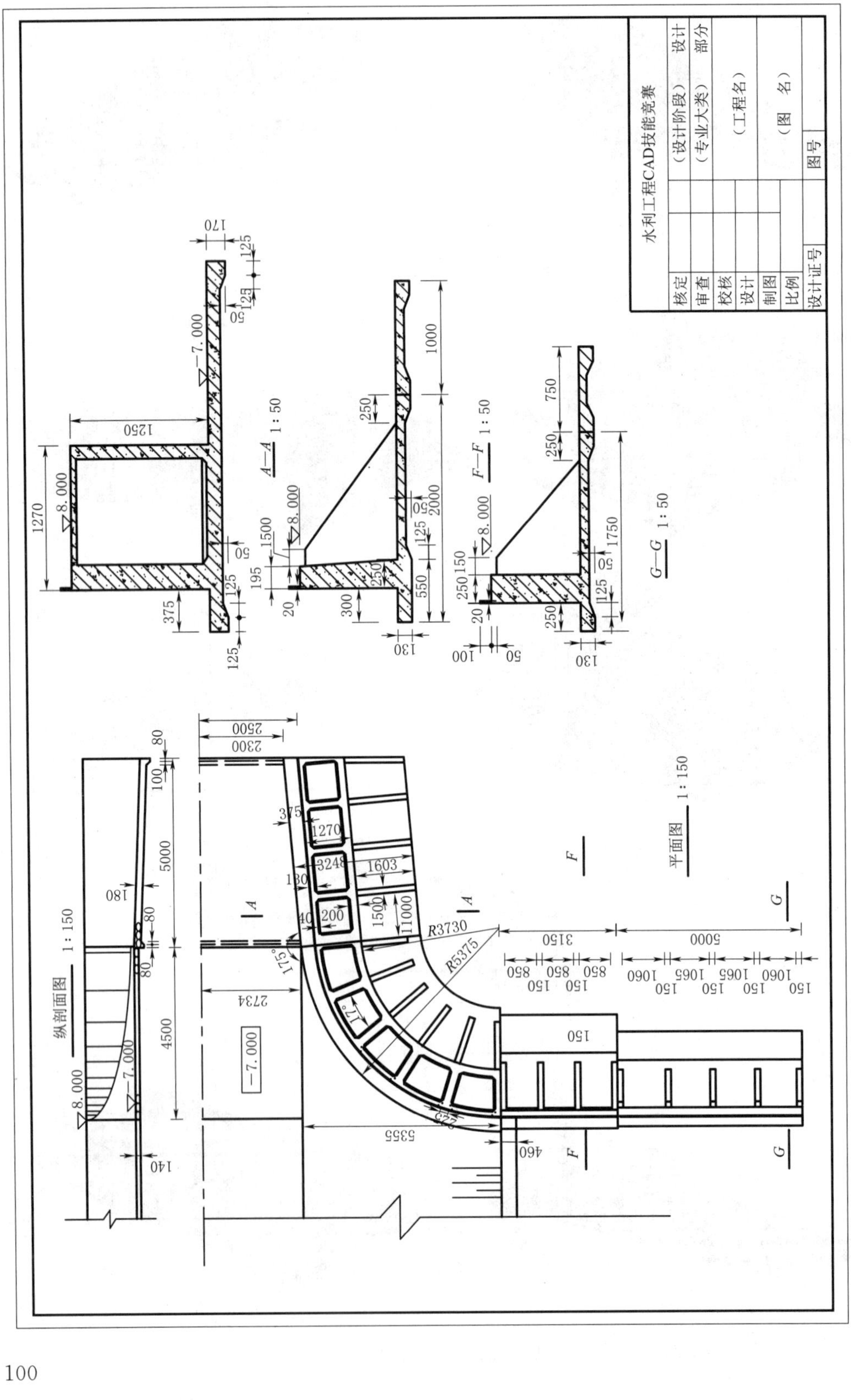
水利工程CAD技能竞赛
（设计阶段） 设计
（专业大类） 部分
（工程名）
（图 名）
核定
审查
校核
设计
制图
比例
设计证号
图号
纵剖面图 1:150
平面图 1:150
A—A 1:50
F—F 1:50
G—G 1:50

图 4.23 上游连接段

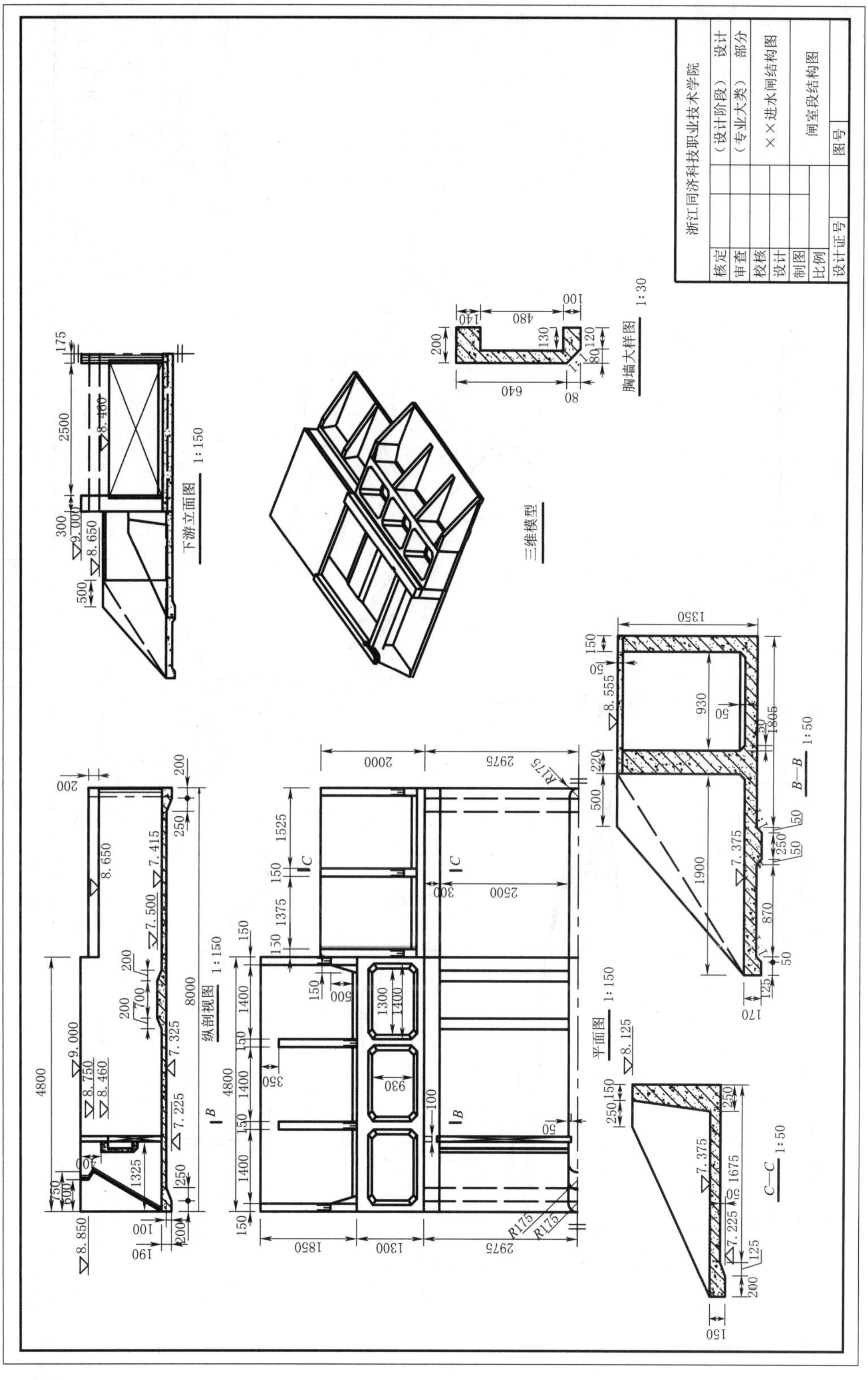
浙江同济科技职业技术学院
（设计阶段）　设计
（专业大类）　部分
××进水闸结构图
闸室段结构图
图号
核定
审查
校核
设计
制图
比例
设计证号
下游立面图　1:150
三维模型
胸墙大样图　1:30
纵剖视图　1:150
平面图　1:150
B—B　1:50
C—C　1:50

图 4.24　闸室段

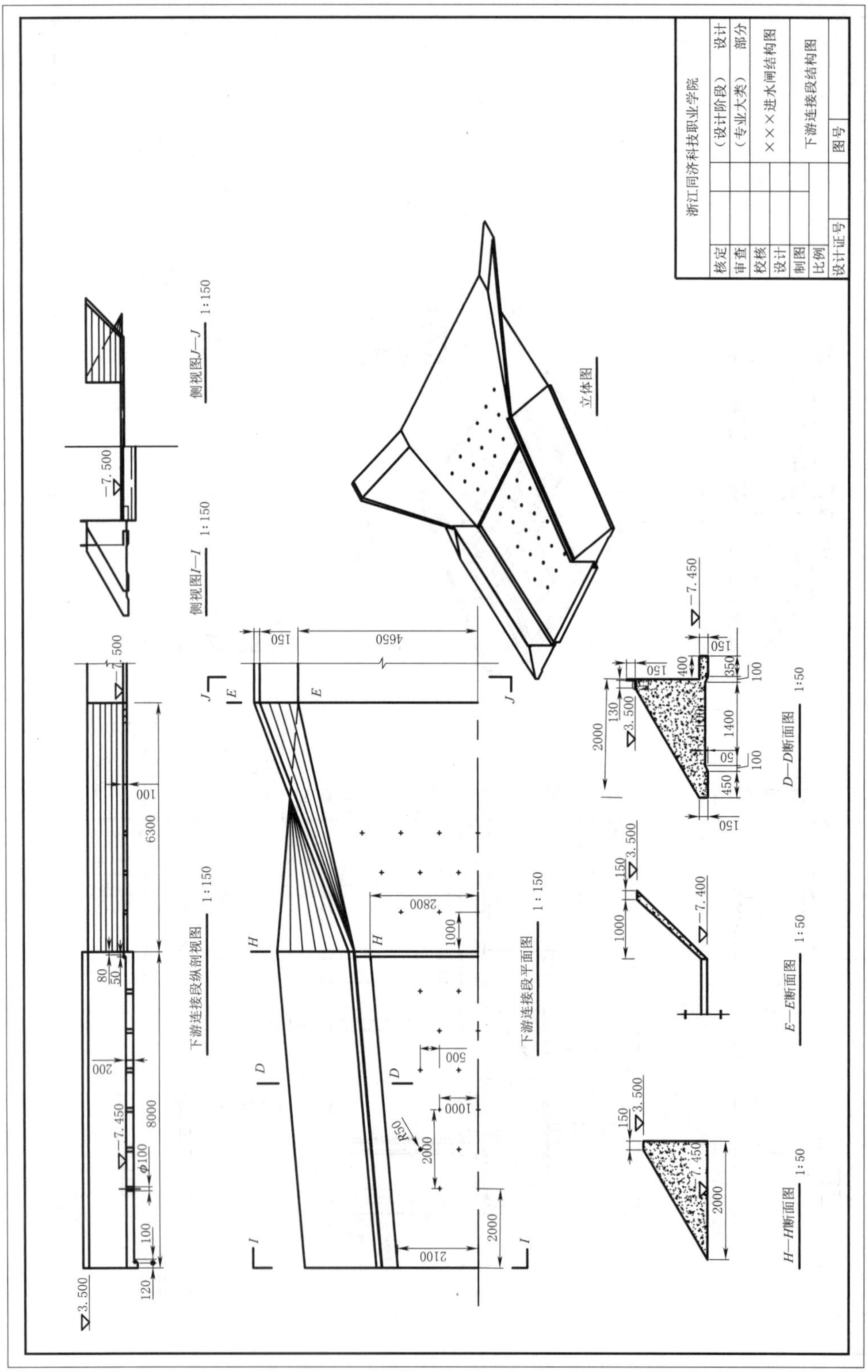

图4.25 下游连接段结构图

1. 上游连接段

上游连接段 建模-1	上游连接段 建模-2	上游连接段 建模-3	上游连接段 建模-4	上游连接段 建模-5	上游连接段 建模-6

2. 闸室段

闸室段 *A*—*A*	闸室段 *B*—*B*	闸室段 *C*—*C*

3. 下游连接段

下游段 海漫 扭面	下游段 排水孔	下游段 消力池以及 边墩	上游连接段 部分 CAD 图纸	水闸闸室段 部分 CAD 图纸	下游连接段 结构图部分 CAD 图纸

常见问题

2010 以上 版本阵列 命令	粗实线 隐藏打开	方圆渐变- 断面	方圆渐变- 成图	方圆渐变 断面图- 辅助线	方圆渐变 断面- 圆心
方圆渐变- 放样	方圆渐变 放样命令 注意点	方圆渐变- 连线	方圆渐变面 完整绘制	方圆渐变的 四个象限点	方圆渐变 问题
关于捕捉 的问题	关于绘图底 板颜色问题	关于鼠标 只能在格子 移动的问题	绘制图框 用到的命令	扭面绘制- 断面	扭面绘制- 放样

如何压缩文件	栅格、极轴、正交、捕捉常见问题	视口切换	素线的绘制	斜椭圆柱-轮廓	闸室底板、边墩方法
闸室底板、边墩和闸门槽	闸室底板和边墩的识读与绘制	闸室段交通桥			

项目5 标 高 投 影

【知识目标】

1. 点、直线、平面的标高投影
2. 曲面体的标高投影
3. 工程建筑物的交线

项目5
课程导学

【能力目标】

1. 标高投影的用途和概念
2. 平面和正圆锥面等高线和交线的求作
3. 地形面的标高投影与交线

任务5.1 平地面上平面体的标高投影

【任务目标】

1. 了解点、直线、平面的标高投影
2. 能识别和绘制点、直线、平面的标高投影
3. 能绘制平地面上平面体的标高投影图

5.1.1 标高投影的概念

标高投影
的用途

1. 标高投影的用途

在水利工程建筑物的设计和施工中，常需要绘制地形图，并在图上表示建筑物的布置和建筑物与地面的连接关系。但地形复杂，且水平尺寸与高度尺寸相比差距很大，用多面投影法表达不清楚，标高投影适用于表示地形面和复杂曲面的投影。

标高投影不仅用来表达建筑物与所处地面的形状，还用来图解二者之间的连接关系，而图解得到的交线投影是工程施工放样的重要依据。

在标高投影中需要求作的交线分为以下三种。如图5.1所示。

(1) 坡脚线。建筑物的填方坡面与地面的交线称坡脚线。

(2) 开挖线。建筑物的开挖坡面与地面的交线称开挖线。

(3) 坡面交线。建筑物自身相邻坡面的交线称坡面交线。

2. 标高投影图的形成和要素

当物体的水平投影确定之后，其正面投影的主要作用是提供物体上的点、线或面的高度。因此在已知高度的情况下，只要一个平面投影也能确定物体的形状和位置。

在物体的水平投影上加注某些特征面、线以及控制点的高程数值，并注明绘图比例的单面正投影称为标高投影。

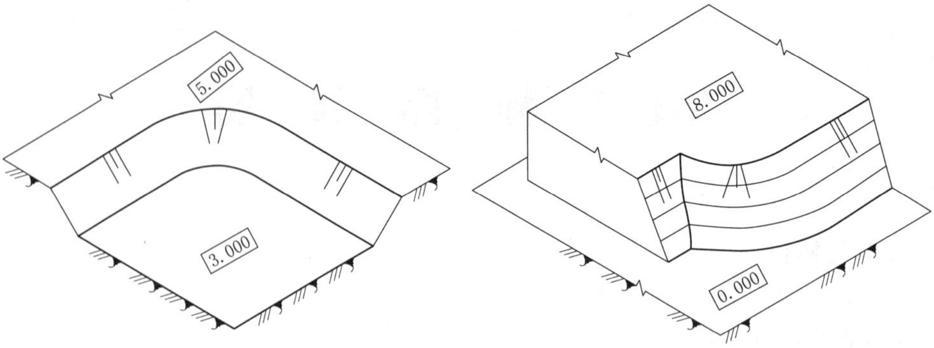

图 5.1 标高投影图中的交线分析

标高投影形成

如图 5.2 所示是四棱台的标高投影，其就是在四棱台的水平投影上加注上、下底面的高程，并给出绘图比例，为了形象的表示坡面，还加绘了示坡线。示坡线是一组长短相间的细实线，长划的长度是短划的 1/3～1/2，由高指向低，方向与该面的坡度线的方向一致。

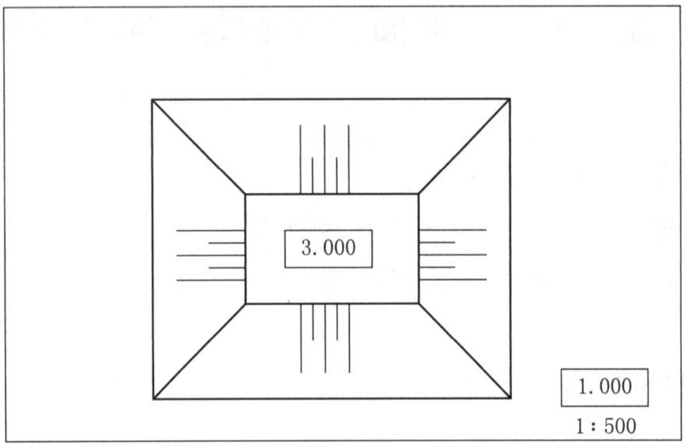

图 5.2 四棱台标高投影形成

标高投影图的组成要素包括以下三项：

（1）物体的水平投影。

（2）高程数值。高程数值又称为高程或标高，它是指以某一水平面为基准面，空间点到基准面的距离。制图标准规定：基准面高程为零，基准面以上的高程为正，基准面以下的高程为负。根据基准面选取位置的不同，高程分为绝对高程和相对高程。绝对高程的基准面是与测量相一致的黄海平均海平面，相对高程的基准面是除此以外的其他水平面。高程常用的单位是米，一般不需注明，一般精确到小数点后三位。

点的标高投影

（3）绘图比例。

绘图比例是度量物体水平投影大小的依据。常见的表示方法有比例值和图示比例尺两种形式。

比例值示例：1∶200；

图示比例尺示例：0 1 2 3 4m。

5.1.2　点的标高投影

选水平面 H 为基准面，规定其高程为零，将点在该面上作水平投影，并在投影的右下角加注点到 H 面的高程数值，并注上比例值或图示比例尺即得到点的标高投影。如 A 点到 H 面的距离为 3m，B 点在 H 面下方，距离为 5m，标高投影如图 5.3 所示。

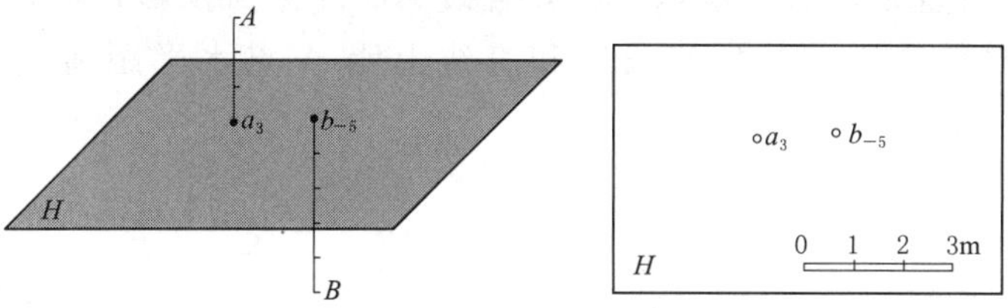

（a）空间分析　　（b）点的标高投影图

图 5.3　点的标高投影

5.1.3　直线的标高投影

首先选定基准面 H，规定基准面高程为零，将直线向 H 面作水平投影，加注特征点的高程数值，并给出比例或图示比例尺即得到直线的标高投影，如图 5.4 所示。

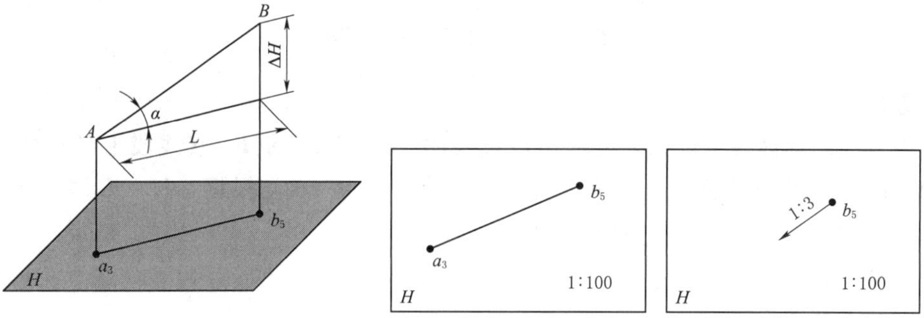

（a）空间分析　　（b）直线的标高投影图

图 5.4　直线的标高投影

1. 直线的坡度与平距

直线的坡度就是直线上任意两点的高差与其水平投影长度的比值，用“i”表示。

如图 5.4（a）所示，直线上 A、B 两点的高差为 ΔH，水平投影的长度为 L，直线 AB 对 H 面的倾角为 α，则得：

$$坡度\ i=\frac{高差\ \Delta H}{水平投影距离\ L}=\tan\alpha$$

直线的平距是指直线上高差为 1 的两点对应的水平投影的距离，用“l”表示。平距与坡度互为倒数。

$$平距\ l=\frac{水平投影距离\ L}{高差\ \Delta H}=\cot\alpha$$

2. 直线的标高投影表示法

直线的标高投影常用图 5.4（b）所示的两种形式表示：

坡度和平距

直线的表示方法

两点表示法求解

一点和坡度表示法求解

(1) 用直线上任意两点的标高投影来表示。

(2) 用直线上一点的标高投影和直线的坡度（箭头指向下坡方向）来表示。

应指出：若已知直线的坡度，可以根据坡度求出直线上任意高程点的标高投影；反之，已知直线上某高程点的位置，也能计算出该点的高程。

【例 5.1】 如图 5.5 (a) 所示，已知直线 AB 的标高投影 a_3b_7，求直线上高程为 4、5、6 的整数高程点的标高投影和直线上距 A 点水平距离为 3m 的 F 点的高程。

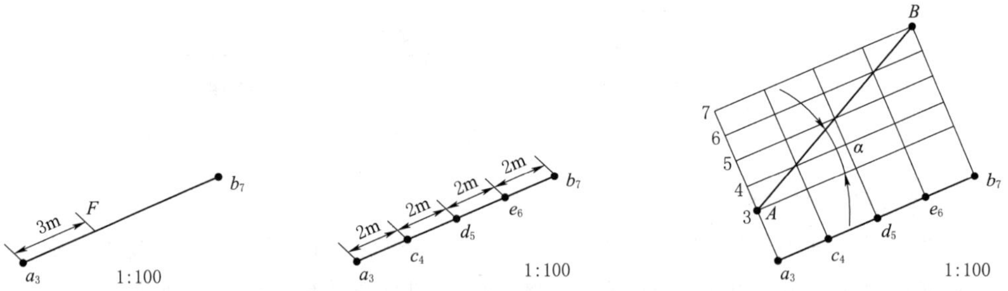

(a) 已知条件　　(b) 计算法求整数倍高程点　　(c) 图解法求整数倍高程点

图 5.5　直线上高程点的求法

分析：

因直线的标高投影已知，可求出该直线的坡度 i 与平距 l。直线段上各整数高程点的标高投影可用计算法或图解法求得。已知 $L_{AF}=4\text{m}$，根据 $\Delta H=L\times i$ 即可得 ΔH_{AF}，进而可求出 F 点的高程。

求解步骤：

(1) 求整数高程点。

计算法：由已知计算 $\Delta H_{ab}=H_b-H_a=7-3=4\text{m}$，再用比例尺量得 $L_{ab}=8\text{m}$，计算得直线坡度 $i=\Delta H_{ab}/L_{ab}=4/8=1:2$，则平距 $l=1/i=2\text{m}$。

因 $L=\Delta H\times l$，高程为 4 的点距 A 点的水平投影距离 $L_1=(4-3)\times 2=2\text{m}$，高程为 5、6 的点间的水平距离均为 1 个平距，依据比例依次量取 2m 即得各点标高投影，如图 5.5 (b) 所示。

图解法：作辅助铅垂投影面 $V//AB$，在 V 面上按适当比例作相应整数高程的水平辅助线（水平辅助线$//ab$，最低一条高程为 3m，最高一条高程为 7m，辅助线的条数包括直线两端点高程），再根据 A、B 两点的高程在 V 面上画出直线 AB，从 AB 与各整数标高的水平线的交点，向 ab 作垂线，垂足即为直线上的整数高程点 6、5、4。若作辅助正面投影时所采用的比例尺与标高投影的比例一致，则 AB 反映实长，它与水平线的夹角反映直线 AB 对 H 面的倾角，如图 5.5 (c) 所示。

(2) 求 F 点的高程。

已知 $L_{af}=3\text{m}$，$l=2\text{m}$，A、F 两点高差 $\Delta H_{af}=H_f-H_a=L_{af}/l=3/2=1.5\text{m}$，由此可得 $H_f=\Delta H_{af}+H_a=1.5+3=4.5\text{m}$，即 F 点的高程为 4.5m。

5.1.4　平面的标高投影

平面的等高线和坡度线

1. 平面内的等高线与坡度线

某个面上的等高线就是该面上高程相同的点的集合，也可以看成是平面内的水平线，即平面与一系列水平面的交线，将等高线向 H 面投射并注上相应的高程数值，即得等高线的标高投影，如图 5.6 所示。

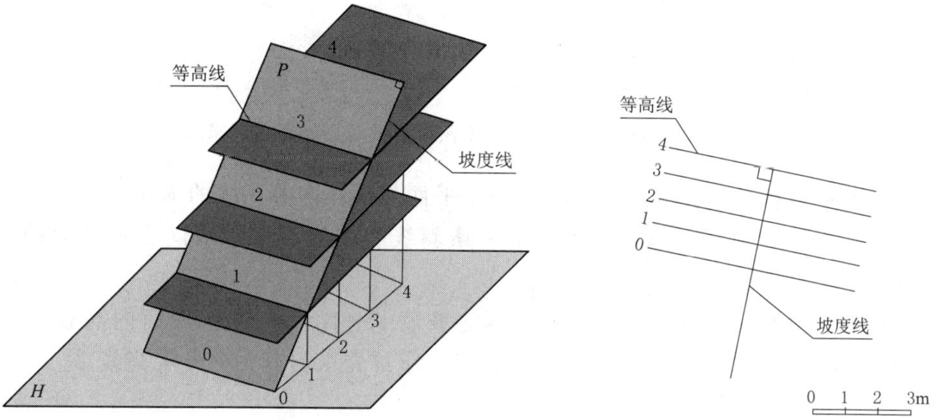

(a) 空间分析　　(b) 平面的标高投影

图 5.6　平面内的等高线和坡度线

平面内等高线的投影特征是：

(1) 等高线是直线。

(2) 等高线相互平行。

(3) 当高差相等时，等高线间的水平距离也相等。相邻等高线的高差为 1m，它们的水平距离即为一个平距 1。

平面内的坡度线就是平面内对水平面的最大斜度线，坡度线与 H 面的夹角反映了平面对 H 面的倾角，因此坡度线的坡度就代表了平面的坡度。平面内的坡度线与等高线互相垂直，根据直角投影定理，它们的标高投影也互相垂直。

等高线和坡度线表示法求解

2. 平面的标高投影表示法与平面内等高线的求作

在图解实际工程问题时，经常用到平面内的等高线，所以应熟练掌握标高投影中平面内等高线的求作方法。

(1) 用一条等高线和坡度线表示平面与平面内等高线的求作。

图 5.7 (a) 所示用平面内一条等高线和坡度线表示平面的标高投影。

如图 5.7 (b) 所示，已知平面的坡度 1 : 3 和平面内一条高程为 10m 的等高线，求作平面内高程为 8m、4m 的等高线。求作方法：由平面的坡度 $i=1:3$，可知 $l=3$m，因所求等高线与已知等高线高差依次为 2m、6m，顺着坡度线箭头的方向，依次量取 $2l$ 和 $6l$，根据比例换算量出 3cm 和 9cm，即求得坡度线上高程为 8m、4m 的点，再过这些点作 10m 等高线的平行线即得。然后画出平面上的示坡线。

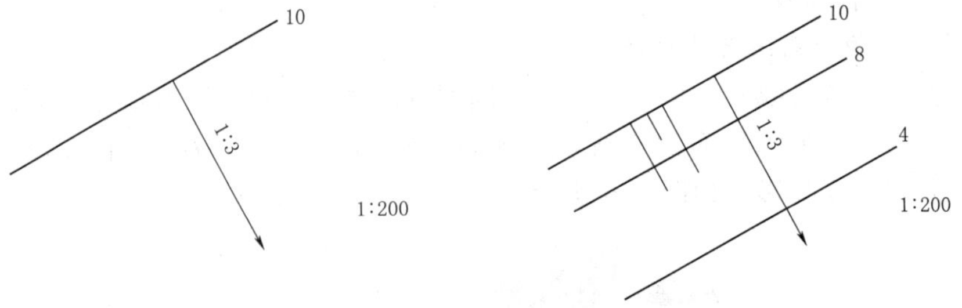

（a）已知一条等高线和坡度线表示平面　　（b）求作高程为8m、4m的等高线

图 5.7　一条等高线和坡度线表示的平面及等高线的求作

（2）用一条斜线和坡度及大致坡向表示平面与平面内等高线的求作。

斜线和坡度表示法求解

如图 5.8（a）所示，是用平面内的一条斜线和坡度及大致坡向表示平面的标高投影。

已知平面内的一条斜线 a_4b_0 和平面的坡度 $i=1:2$，求作平面内高程为 3m、2m、1m、0m 的等高线。求该平面的等高线，应首先求出其中一条等高线。

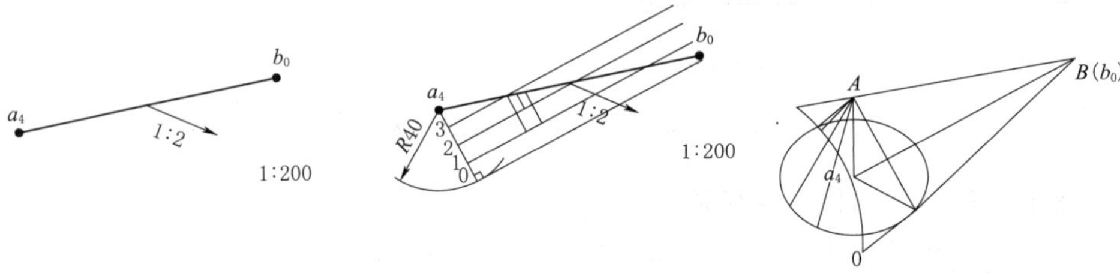

（a）一条斜线、坡度和大致坡向表示平面　（b）0m、1m、2m、3m、4m 等高线求作　（c）求作0m等高线空间分析

图 5.8　一条斜线和坡度及大致坡向表示的平面及等高线的求作

如图 5.8（b）所示，先求 0 高程等高线：以 a_4（b_0）为圆心，以 $R=\Delta H\times l=4\times2=8$m，按比例换算 40mm 为半径画圆，然后由 b_0（a_4）向该圆作切线，根据大致坡向确定其中一条为所求的等高线（应在顺箭头方向的一侧）。求出一条等高线后，坡度线的精确方向即可确定，其他等高线可用前述方法求得。

如图 5.8（c）所示，求作 0 高程等高线的方法可理解为：坡度为 1：2 的已知平面与经过 A 点的同坡度圆锥面相切，两面上同高程的等高线也相切。以高程为 0 的水平面为辅助面分别与二面相交，得两面上高程为 0 的等高线，形状分别为圆和直线。利用相切的特点，先画圆，再作切线得等高线。

应指出：水平面的标高投影可直接在其水平投影内注写高程数值与标高符号来表示，如图 5.2 中“3.000”，表示此面是水平面，距基准面的高度为 3.000－1.000＝2.000，即 2m。

3. 平地面上平面体标高投影求作

（1）等高线法的概念。

在标高投影中，求作两平面的交线通常采用等高线法。如图 5.9 所示，水平辅助面与相交两平面的交线为相交两平面上同高程的等高线，两平面上同高程等高线的交点即是它们交线上的点，求得两个共有点，连接即得交线投影，这种通过等高线得到交线的方法称为等高线法。

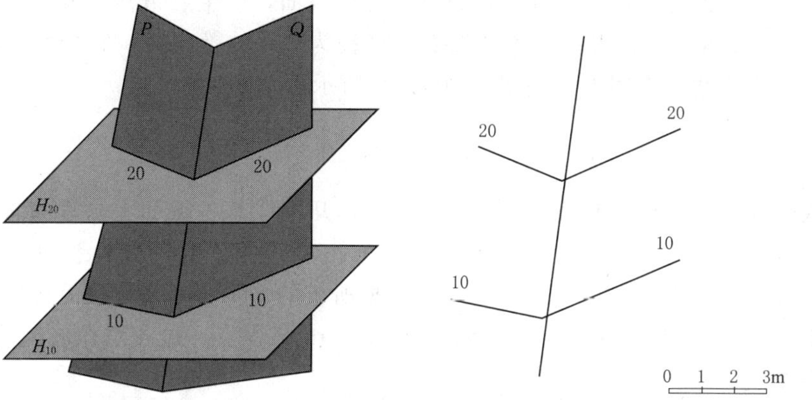

（a）空间分析　　（b）交线的标高投影图

图 5.9　等高线法的概念

（2）平地面上平面体建筑物的标高投影图。

实际工程中，在建筑物与地面间、建筑物相邻两坡面间会产生相应的交线，完成建筑物的标高投影图主要就是求作这些交线的投影。

【例 5.2】 已知地面高程为 7m，基坑底面高程为 3m，坑底的大小形状和各坡面坡度如图 5.10（a）所示，完成基坑开挖后的标高投影图。

求作基坑标高投影

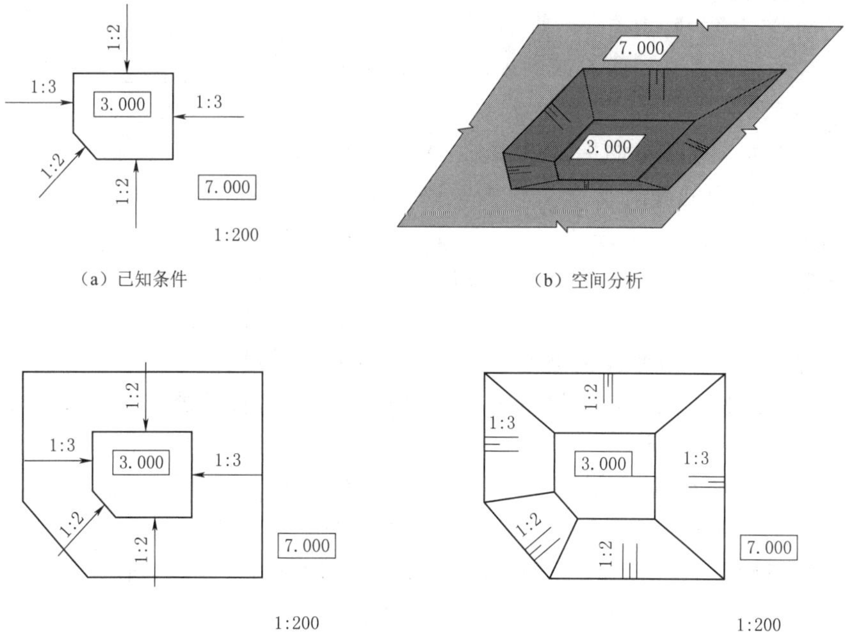

（a）已知条件　　（b）空间分析

（c）求作开挖线　　（d）连坡面交线，作示坡线

图 5.10　求作基坑标高投影图

分析：

该建筑物表面比地面低，属开挖类建筑物，需要求作开挖线和坡面交线两类交线。开挖线是坡面与地面的交线，建筑物共五个坡面，产生五条开挖线，因地面是高程为7m的水平面，所以开挖线是各坡面上高程为7m的等高线；五个坡面相邻相交产生五条坡面交线，空间形状如图5.10（b）所示。

求解步骤：

（1）求开挖线。如图5.10（c）所示。

坑底边线是各坡面上高程为3m的等高线，开挖线是各坡面上高程为7m的等高线，两等高线间的高差$\Delta H=4$m，水平距离$L=\Delta H\times l=4l$，当$l=2$时，$L_1=2\times4=8$m；当$l=3$m时，$L_2=3\times4=12$m。根据所求的水平距离按比例沿各坡面坡度线分别量取$L_1=8$m和$L_2=12$m，得各坡面上的7m高程点，过各点作坑底边平行线，可求得开挖线。

（2）求坡面交线，画出各坡面的示坡线。如图5.10（d）所示。

直接连接相邻两坡面同高程等高线的交点，即得相邻两坡面交线。

垂直于各坡面等高线画出各坡面的示坡线，完成作图。

项目训练-任务5.1答案

【项目训练】

一、填空题

1. 标高投影的三要素是________、________、________。
2. 标高投影需要求作的交线有________、________、________。
3. 一条直线坡度为1：2，平距是________，当两点高差为4m，两点水平投影距离L是________。
4. 平面等高线的特点有________、________、________。
5. 直线的标高投影通常有两种表示方法，即________、________。

二、选择题

1. 平面上的坡度线方向一定是（　　）。

A. 垂直平面上的等高线　　B. 且由高处指向低处

C. 任意方向　　D. 由低指向高

2. 在标高投影中，平面的表示方法有（　　）。

A. 一条等高线　　B. 一条等高线和一条坡度线

C. 一条倾斜直线和平面的坡度　　D. 一条倾斜直线

3. 同一建筑物上，高程相同的不平行的任意两条等高线在投影图中没有相交，但（　　）。

A. 一定可以相交　　B. 不一定相交

C. 延长后一定相交　　D. 不会相交

4. 在标高投影中，求两平面的交线时，通常采用（　　）作为辅助平面。

A. 正平面　　B. 侧平面　　C. 水平面　　D. 铅垂面

5. 平面内对基准面的最大斜度线称为（　　）。

A. 等高线　　B. 示坡线　　C. 坡度线　　D. 基准线

6. 在标高投影中，建筑物的坡面需要用示坡线表达，绘制示坡线时应该（　　）。

A. 用细实线　　B. 长短间隔　　C. 用粗实线　　D. 长度相等

三、作图题

在高程为 2m 的地面上修筑大、小两个堤，已知堤顶高程和各坡面坡度如下图所示，完成标高投影图（比例 1∶400）。

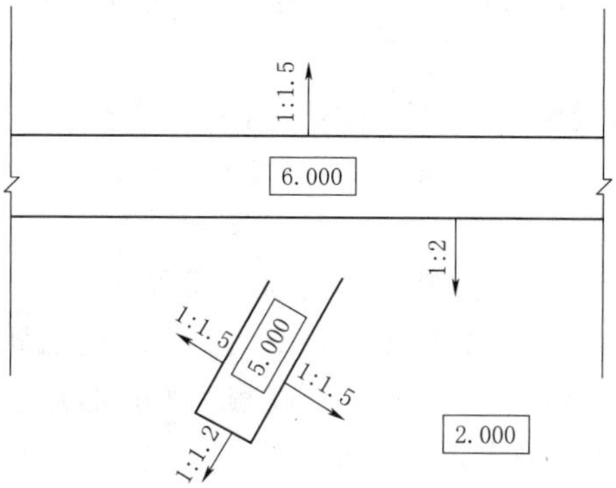

任务 5.2　平地面上曲面体的标高投影

【任务目标】

1. 了解曲面体的标高投影
2. 能识别、绘制平地面上曲面体的标高投影

5.2.1　正圆锥面的等高线与坡度线

正圆锥面的标高投影也是用一组等高线和坡度线来表示的。正圆锥面的素线是锥面上的坡度线，所有素线的坡度都相等。

正圆锥面上的等高线即圆锥面上高程相同的点的集合，正圆锥面内的等高线就是圆锥面内的水平圆，将这些水平圆向 H 投影面投射并注上相应的高程数值，即得等高线的标高投影，如图 5.11 所示。

圆锥面的等高线和坡度线

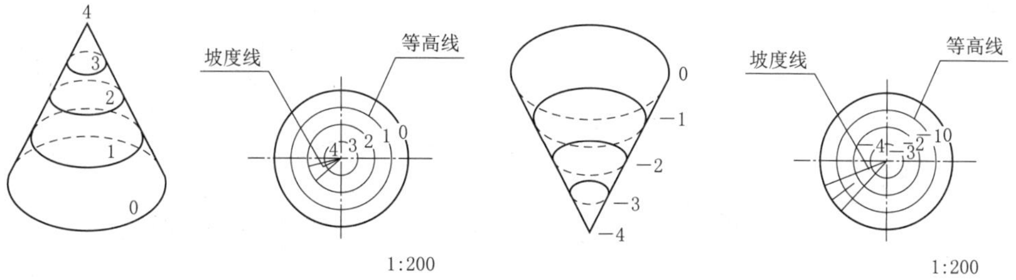

（a）正立正圆锥面的等高线和坡度线　　（b）倒立正圆锥面的等高线和坡度线

图 5.11　正圆锥面的等高线和坡度线

正圆锥面上等高线的投影特征是：

（1）等高线是与底面同心的圆。

（2）高差相等时等高线间的水平距离相等。

（3）当圆锥面正立时，等高线越靠近圆心高程数值越大；当圆锥面倒立时，等高线越靠近圆心高程数值越小。

正圆锥面上的所有素线坡度相等，即是锥面上的坡度线，其在标高投影中汇交于圆心。

5.2.2 正圆锥面的标高投影表示法和锥面内等高线求作

如图 5.12（a）所示，是用一条等高线和坡度线来表示正圆锥面的标高投影，是正圆锥面常用的表示方法。

如图 5.12（b）所示，已知圆锥平台的顶面高程为 3m，锥面坡度为 1∶2，求锥面上高程为 0m 的等高线。求作方法是：由高程为 3m 的点顺着坡度线的方向按比例量取水平距离 $L=\Delta H\times l=3\times 2=6$m，得高程为 0m 的点，再以此点到圆心的距离为半径画同心圆即得。然后画出正圆锥面上的示坡线。

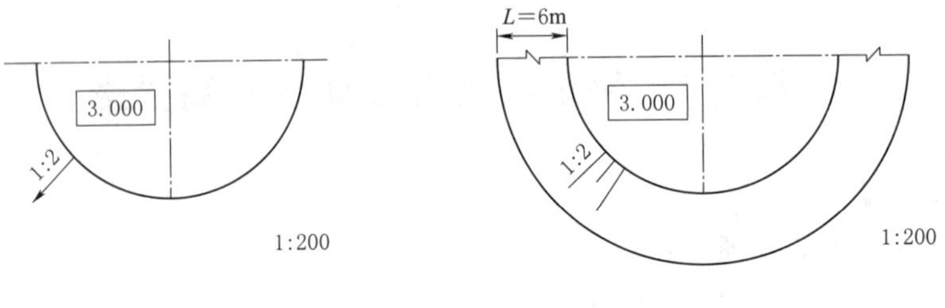

（a）已知条件　　（b）求作高程为0m等高线并画出示坡线

图 5.12 正圆锥面的表示法及等高线求作

5.2.3 平地面上曲面体的标高投影

在土石方工程中，常将建筑物的侧面做成坡面，而在转角处做成与侧面坡度相同的正圆锥面，如图 5.13 所示。

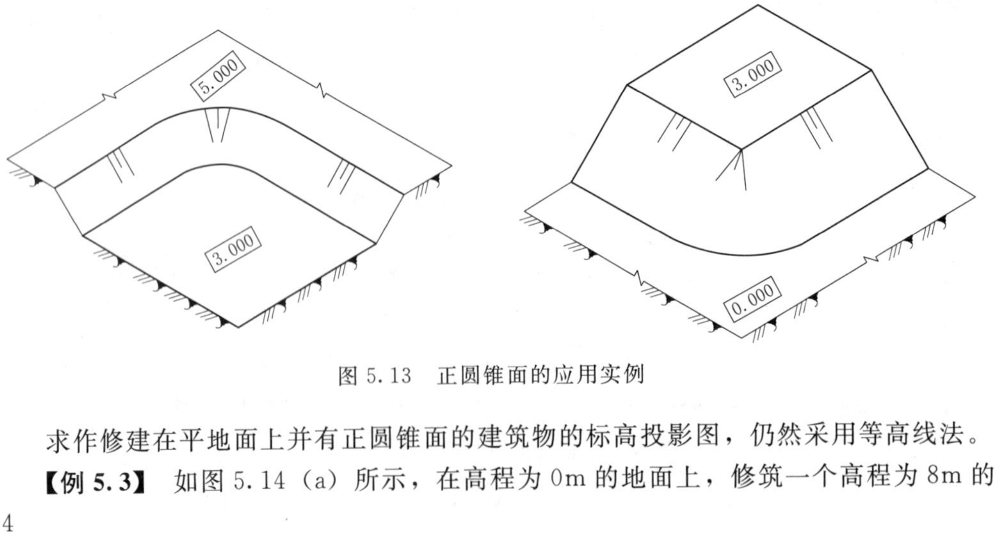

图 5.13 正圆锥面的应用实例

求作修建在平地面上并有正圆锥面的建筑物的标高投影图，仍然采用等高线法。

【例 5.3】 如图 5.14（a）所示，在高程为 0m 的地面上，修筑一个高程为 8m 的平台，完成标高投影图。

分析：

该建筑物属堆筑型建筑物，需要求作坡脚线和坡面交线两类交线。建筑物有三个坡面，因此产生三条坡脚线，因地面是平面，两斜面与地面的交线是直线，圆锥面与地面的交线是圆曲线。一斜面与圆锥面相交，另一斜面与圆锥面相切，产生一条坡面交线，是非圆曲线，该曲线可由斜坡面与圆锥面上一系列同高程等高线的交点确定，如图 5.14（b）所示。

求作平台
标高投影

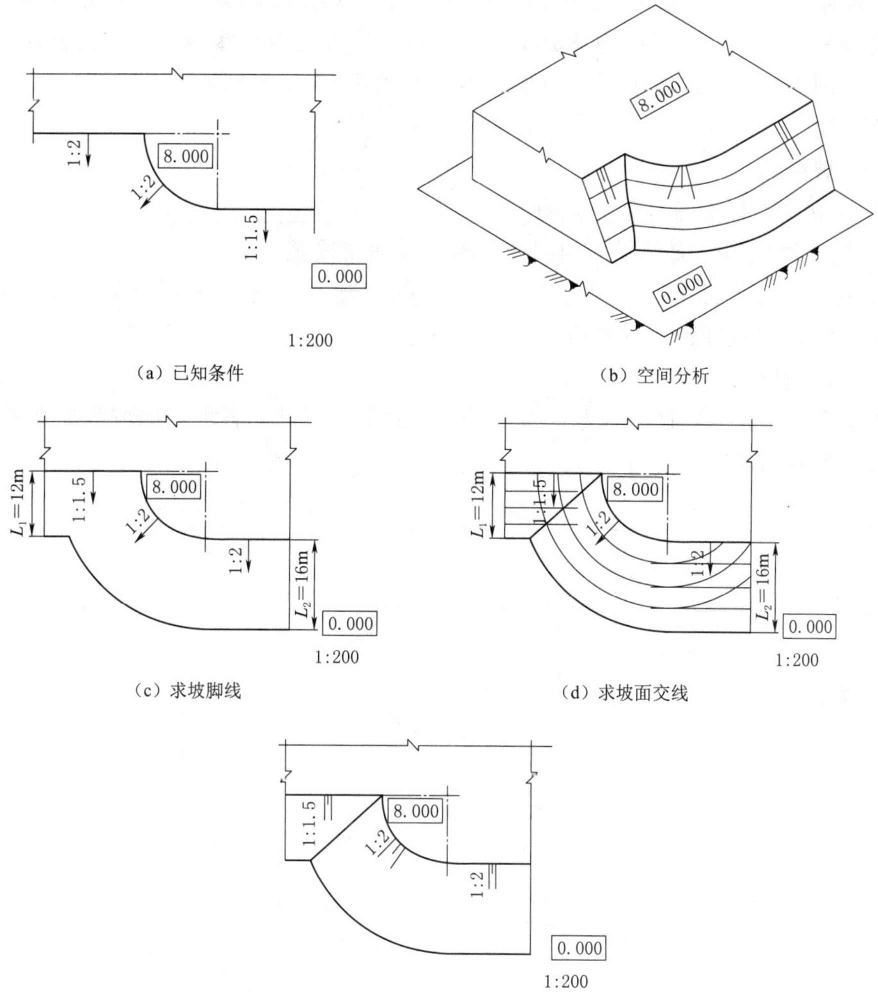

（a）已知条件　（b）空间分析　（c）求坡脚线　（d）求坡面交线　（e）画示坡线、注坡度

图 5.14　求作圆锥面护坡的标高投影

求解步骤：

（1）求坡脚线。如图 5.14（c）所示。

因地面是水平面，所以坡脚线是各坡面上高程为 0m 的等高线，已知的平台轮廓线是各坡面上高程为 8m 的等高线，各坡面上两等高线间的高差均为 $\Delta H=8$m，各坡

面的平距 l 可由坡度得知。

因 $L=\Delta H\times l$，可得各坡面上水平距离：

$$L_1=\Delta H\times l_1=8\times 1.5=12(\mathrm{m})$$

$$L_2=\Delta H\times l_2=8\times 2=16(\mathrm{m})$$

沿着各坡面上坡度线的方向量取相应的水平距离，即可画出各坡面的坡脚线，其中圆锥面的坡脚线是圆锥台顶圆的同心圆。

（2）求作坡面交线。如图5.14（d）所示。

在坡度为1∶1.5的坡面上求作高程为6m、4m、2m的等高线，得相邻面上同高程等高线的一系列交点，即为坡面交线上的点，依次光滑连接各点，即得坡面交线。

（3）画出各坡面的示坡线，完成作图，如图5.14（e）所示。

项目训练-任务5.2答案

【项目训练】

一、填空题

1. 正立圆锥面的等高线特点有＿＿＿＿＿＿、＿＿＿＿＿＿、＿＿＿＿＿＿。

2. 建筑物相邻坡面是平面和圆锥面时，坡面交线是＿＿＿＿＿＿。

3. 在一正圆锥面上有四条等高线，其等高距为2m，最高和最低的等高线的水平距离是12m，问该圆锥面的坡度是＿＿＿＿。

二、作图题

在高程为2m的地面上修建一高程为6m的平台，已知各坡面的坡度如下图所示，完成其标高投影图。

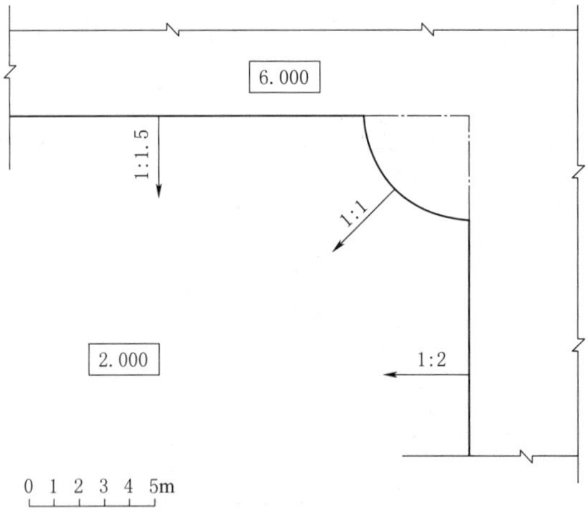

任务5.3　工程建筑物在地形图上的标高投影

【任务目标】

1. 能识读地形图

2. 能根据地形图，绘制地形断面图

3. 能运用等高线法和地形断面法求建筑物在地形图上的标高投影

修建在地形面上的建筑物必然与地面产生交线，即坡脚线（或开挖线），建筑物本身相邻的坡面也会产生坡面交线。由于建筑物表面一般是平面或圆锥面，所以建筑物的坡面交线一般是直线和规则曲线，可以用前面的方法求得，但是建筑物上坡脚线（或开挖线）是不规则曲线，需求出交线上一系列的点来获得。求作一系列点的方法有两种：

（1）等高线法。作出建筑物坡面上一系列的等高线，这些等高线与地形同高程等高线取交点，依次连接即可。

（2）地形断面法。用一铅垂面剖切建筑物和地形面，作出相应的建筑物和地形断面图，建筑物断面图和地形断面图的交点就是坡脚线（或开挖线）上的点，把点画到标高投影图上，依次连接即可。

等高线法是常用方法，只有当相交两面的等高线近乎平行、共有点不易求得时，才用地形断面法。

5.3.1　等高线法求交线

1. 地形面的标高投影表示法

地形面是指不规则的自然地面，它可以用一组地形等高线来表示，即用一系列高差相等的水平面与地形面相交得到截交线，画出这些等高线的水平投影，并注明每条等高线的高程，标出绘图比例，就得到地形面的标高投影，如图 5.15 所示。地形面上等高线高程数字的字头按规定指向上坡方向。

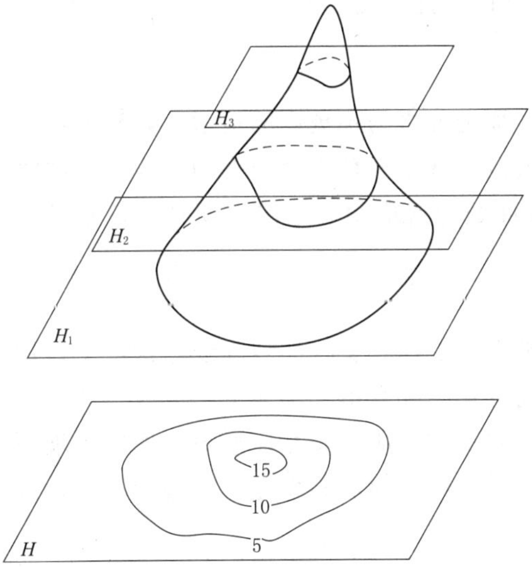

（a）空间分析

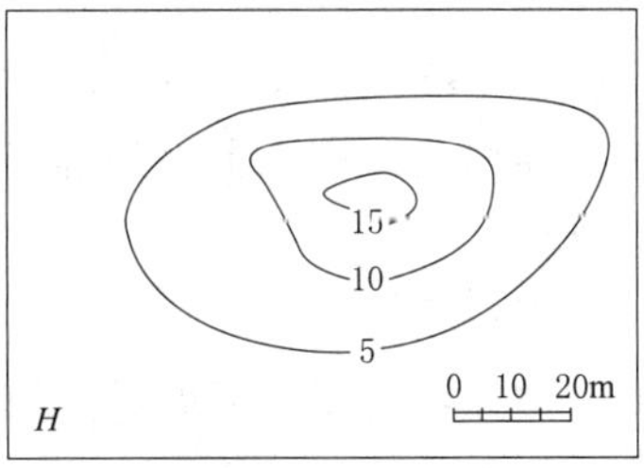

（b）地形等高线

图 5.15　地形面的标高投影表示法

图 5.16（b）和图 5.15（b）的地形图，粗看很相似，但是等高线的高程却是外边高、中间低，所以它是一个洼地，而图 5.15（b）是一个山丘。

用这种方法表示地形面，能够清楚地反映出地面的形状、地势的起伏变化，以及坡向等。如图 5.16（a）所示，右方环状等高线中间高，四周低，表示一山头；右上角等高线较密集，平距小，表示陡坡；下方等高线平距大，表示地势缓坡。

地形等高线的投影特征如下：

识读地形图

（1）等高线是封闭的不规则曲线。

（2）一般情况下（除悬崖、峭壁等特殊地形外），相邻等高线不相交、不重合。

（3）在同一张地形标高投影图中，等高线越密表示该处坡越陡，等高线越疏表示该处坡越缓。

常见的特征地形等高线示例如图 5.16 所示。

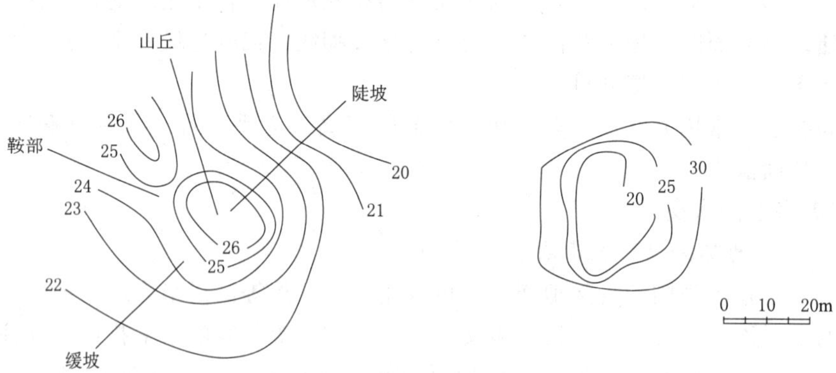

（a）山坡　　（b）洼地

图 5.16　地形面的标高投影图示例

2. 等高线法建筑物与地形面的交线

建筑物表面可能为平面或规则曲面，而地面多为不规则的地形面，建筑物与地形面的交线（坡脚线或开挖线）一般是不规则曲线，而坡面交线多为直线和规则曲线。

等高线法求交线

【例 5.4】 如图 5.17（a）所示为坝址处的地形图、土坝的坝轴线位置及土坝的最大横断面图，完成土坝的标高投影图。

分析：

土坝坝顶、马道以及上下游坡面与地面都要产生交线即坡脚线，这些交线均为不规则的曲线，土坝相邻坡面的坡面交线均在坝顶和马道轮廓线上。

已知条件是土坝的横断面，要作出这些交线，应首先在地形图上作出土坝顶面和马道的标高投影，然后求出土坝上各坡面等高线与地面同高程等高线的交点，依次连接这些交点即可得各坡面的坡脚线。

求解步骤：

如图 5.17（b）、（c）、（d）所示。

（1）画出坝顶和马道及它们与地面交线的投影。

根据坝轴线的位置与土坝最大断面图中的坝顶宽度，画出坝顶投影，其左右两边与地面的交线分别是地面上高程为 42m 的一段等高线。

下游马道的投影是从坝顶靠下游坡面的轮廓线沿坡度线向下量取 $L=\Delta H\times$

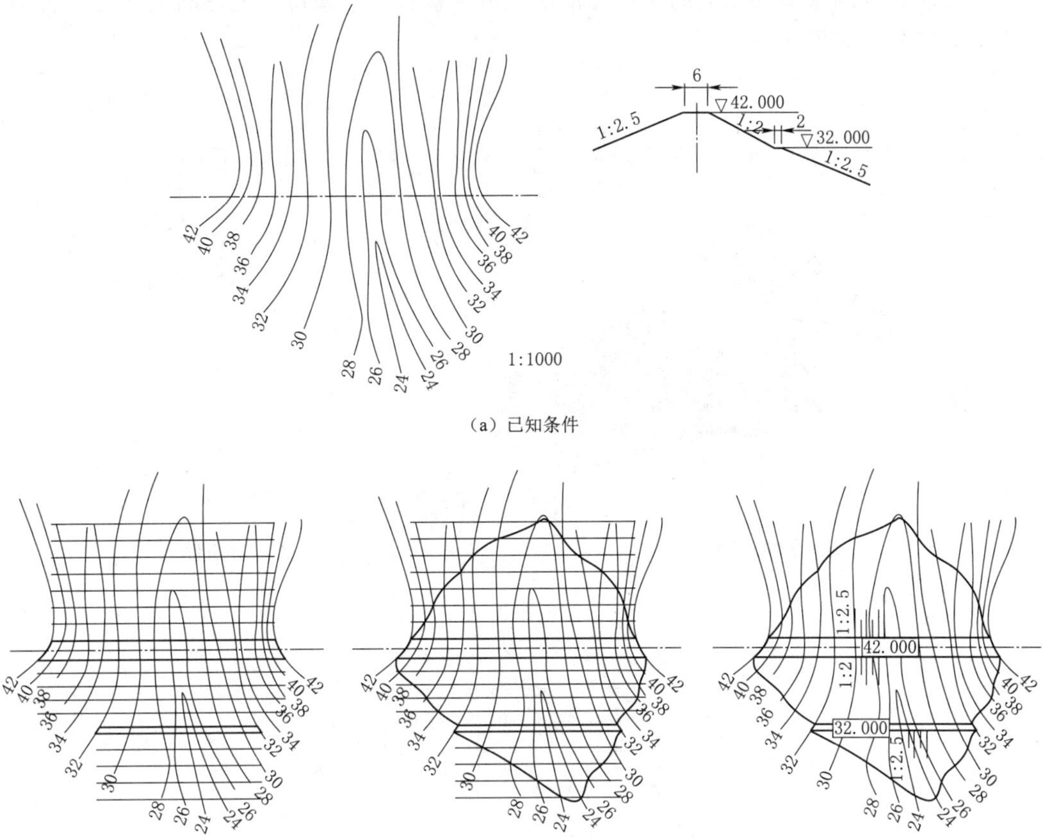

(a) 已知条件

(b) 求作坝顶和马道　　(c) 求作坡脚线　　(d) 画示坡线，注坡度

图 5.17　求作土坝的标高投影图

$l=(42-32)\times 2=20$m，作坝轴线的平行线即为马道的内边线，再量取马道的宽度，画出外边线。其左右两边与地面的交线分别是地面上高程为 32m 的一段等高线。

（2）求土坝坡面的坡脚线。上下游坡面与地面的交线是不规则曲线，应先求出各坡面上的一系列等高线，得到与地面上同高程等高线的交点，连点即得坡脚线。

（3）画出各坡面示坡线，标注坡面坡度及水平面（坝顶和马道）的高程，即完成土坝的标高投影图。

5.3.2　地形断面法求交线

1. 地形断面图

用一铅垂面剖切地形面，画出剖切平面与地形表面的交线及剖面符号，称地形断面图。

如图 5.18（a）所示，剖切平面 $A—A$ 与地形面相交，剖切面与各等高线的交点为 1、2、3、…、12，分析其空间形状如图 5.18（b）所示。

地形断面图作图方法：如图 5.18（c）所示，以水平距离为横坐标，高程为纵坐标作直角坐标系，根据地形图上的高差，按图示比例将高程标在纵坐标轴上，并画出一组水平线，如图中的 20、21、22、…，根据地形图中剖切平面与等高线各交点的水平距离在横坐标轴上标出 1、2、3、…、12 点，然后自点 1、2、3、…、12 作铅垂

地形断面法求交线

线与相应高程的水平线相交的交点，依次光滑连接各点，即得该地形断面实形，再画出剖面符号，完成作图。

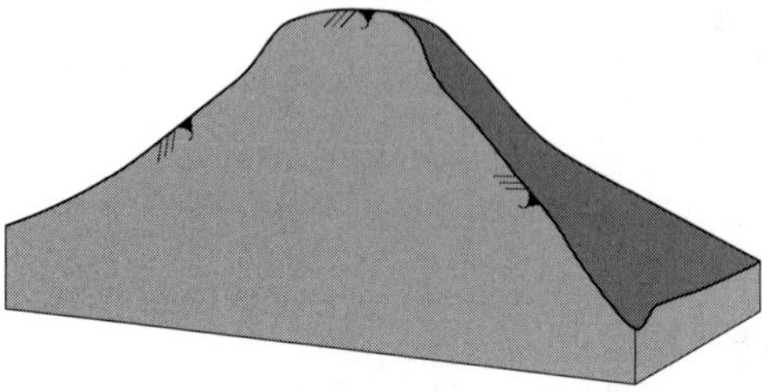

（a）地形的标高投影

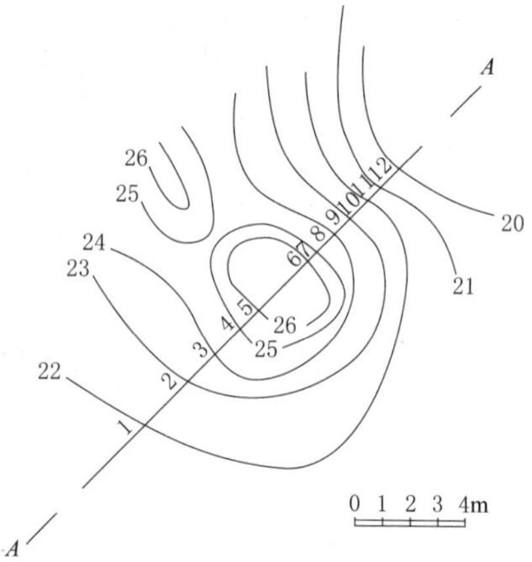

（b）空间分析

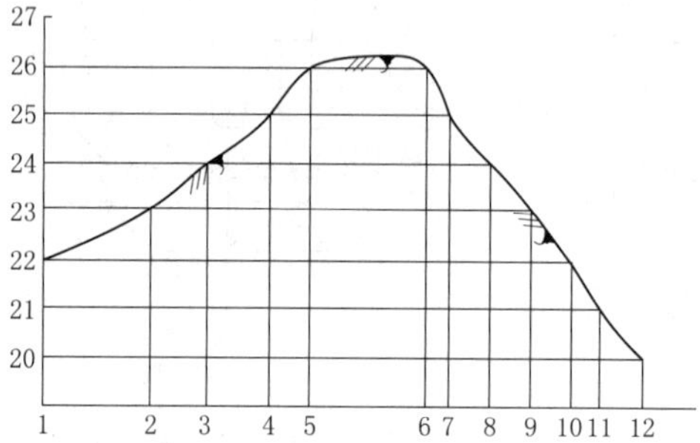

（c）地形断面图

图 5.18 求作地形断面图示例

应当注意，在连点过程中，相邻同高程 26m 的两点在断面图中不能连为直线，而应按该段地形的变化趋势光滑相连。

一般地形的高差和水平距离数值相差较大，因此在地形断面图中，高度方向的比例可与水平方向比例不同，但这时所画的地形断面图，只反映该处地形起伏变化而不反映地面实形。

2. 地形断面法求交线

前面介绍的等高线法求交线是求作建筑物标高投影图时常用的方法，但当坡面与地形面等高线接近平行，共有点不易求得时，应采用地形断面法求交线。地形断面法是利用地形断面图获得交线上一系列共有点，然后依次连接交点得到交线的方法。

地形断面图也是工程中计算土石方量的依据，具有重要的实际应用意义。

【例 5.5】 如图 5.19（a）所示，在地形面上修建一条道路，已知路面位置和道路填、挖方的标准断面，用地形断面法完成道路的标高投影图（单位：m）。

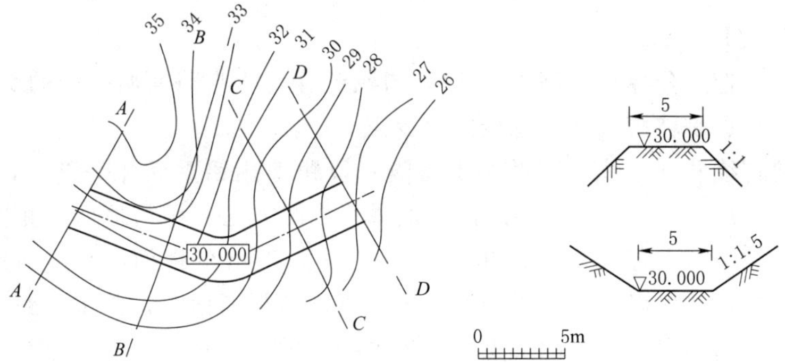

(a) 已知条件

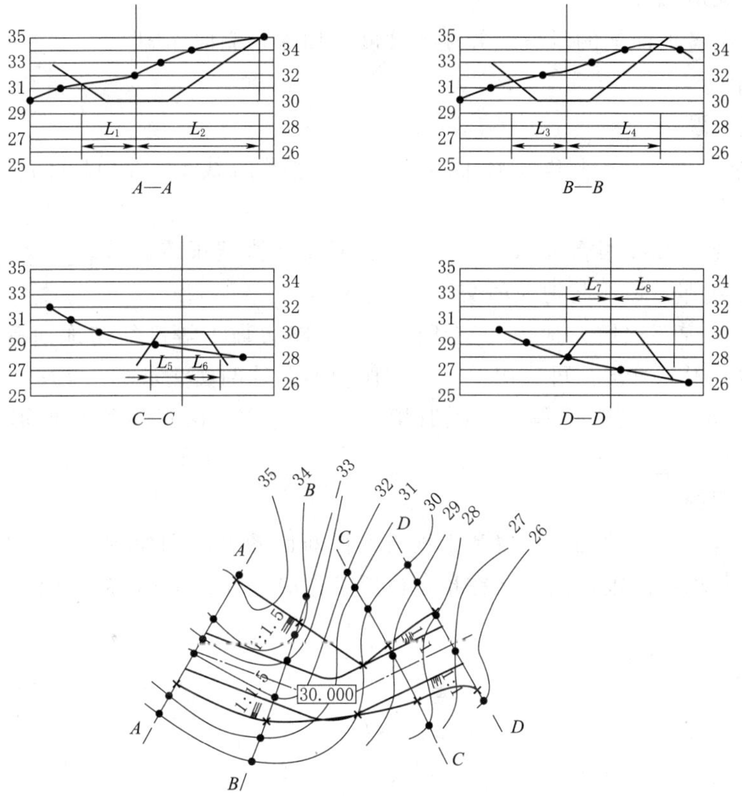

(b) 先确定填挖方分界点，再画各断面图得交点并返回到标高投影图中，依次连点得交线

图 5.19　用地形断面法求作道路的标高投影图

分析：

因路面高程为 30m，所以地面高程高于 30m 的一端要挖方，低于 30m 的一端要填方，高程为 30m 的地形等高线是填、挖方的分界线。道路两边的直线段边坡为平面，中间部分的弯道段边坡为圆锥面，两者相切无坡面交线。各坡面与地面的交线均为不规则的曲线。

求解步骤：

如图 5.19（b）所示。

（1）求填、挖方分界点。高程为 30m 的地形等高线与路面两边线的交点即为填、挖方的分界点，也是坡脚线和开挖线的分界点。

（2）求坡脚线和开挖线。在道路上每隔一段距离用铅垂面作一剖切，如 *A*—*A*、*B*—*B*、*C*—*C*、*D*—*D*。以 *A*—*A* 断面为例说明作图方法：用与地形图相同的比例作一组水平辅助线，与高程为 25m、26m、27m、…、35m 的地面等高线对应，并定出道路中心线位置，然后以道路中心线为基准线画出地形断面图；并按道路标准断面图画出路面边坡的断面图，两者的交点即为挖方线上的点，将交点到中心线的水平距离返回到标高投影图上，即得标高投影图上开挖线的点。同理求出一系列共有点，连点即得开挖线和坡脚线。

（3）画出各坡面上的示坡线并注上坡度，加深，完成作图。

【项目训练】

项目训练-任务 5.3 答案

一、填空题

1. 当等高线是一环套一环且不规则的封闭曲线时，则可能表示的地形面是________或________。

2. 当地形等高线很密表示________；当地形等高线很疏表示________。

3. 坡边线即“坡面与地面的交线”，它包括________和________。

4. 在求解道路边坡与地面的交线时，若道路边坡上等高线与地面等高线接近平行时，等高点不易求出，可采用________作辅助面的剖面法求解。

5. 某建筑物在兴建过程中，既有填方又有挖方，该建筑物与地形面一定会出现________和________。

二、作图题

已知：地形图、坝轴线位置和土坝最大横断面图如下图所示。求：①用 1∶1000 的比例完成大坝标高投影图；②在指定位置求作 *A*—*A*、*B*—*B* 断面图。

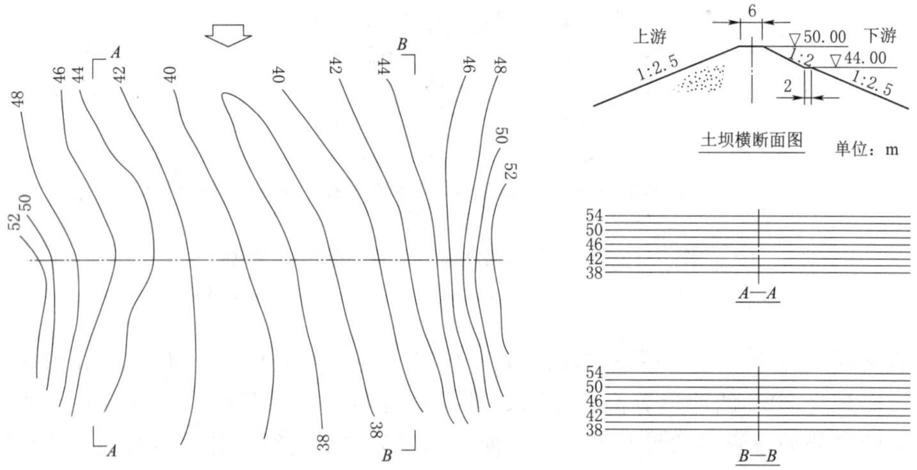

参 考 文 献

[1] 曾令宜，张圣敏，王娟玲. Auto CAD 2014 工程绘图技能训练教程 [M]. 北京：高等教育出版社，2020.

[2] 曾令宜. 水利工程制图 [M]. 北京：高等教育出版社，2021.

[3] 樊振旺，武荣，斯庆高娃. 水利工程制图 [M]. 2 版. 郑州：黄河水利出版社，2015.

[4] 中华人民共和国水利部. SL 73.1—2013 水利水电工程制图标准　基础制图 [S]. 北京：中国水利水电出版社，2013.

[5] 中华人民共和国水利部. SL 73.2—2013 水利水电工程制图标准　水工建筑物 [S]. 北京：中国水利水电出版社，2013.